AF578994

MES PLUS BELLES HISTOIRES D'ANIMAUX

JACQUES TRÉMOLIN

MES PLUS BELLES HISTOIRES D'ANIMAUX

BERNARD GRASSET
PARIS

Tous droits de traduction, de reproduction et d'adaptation réservés
pour tous pays, y compris l'U.R.S.S.
© *Éditions Grasset & Fasquelle, 1977.*

Ce sont les histoires que je vous ai racontées. Pas des contes, ni des fables : elles sont vraies. Certaines, je les ai vécues moi-même, les autres, je les ai puisées dans les observations de messieurs les zoologues. Car les savants, maintenant, étudient les façons de vivre des bêtes aussi soigneusement qu'ils décortiquent les atomes. Pour essayer de comprendre ce qui se passe en elles. Et ils découvrent des mœurs étonnantes, si bizarres parfois, d'autres fois si comparables aux nôtres, qu'ils se demandent comment cela fonctionne, l'esprit d'un animal. Grâce aux travaux de ces chercheurs, on commence à oublier les phrases toutes faites : que le loup est méchant, le lion orgueilleux, le tigre cruel. Depuis une trentaine d'années, les savants ont fait leur entrée dans le monde merveilleux des bêtes, aussi compliqué que celui des hommes, moins la haine. Ils savent quelques « mots » de la langue des moineaux, du langage des tigres, ils apprennent comment les fourmis organisent leur vie, pourquoi les zèbres vont paître à côté des gnous, et pourquoi, avant de s'approcher d'un éléphant sauvage, il faut savoir qui est sa grand-mère. C'est tout cela que je vous raconte. Bien sûr, je ne vous dis pas tout ce qu'il faut savoir pour connaître vraiment les animaux dont je vous parle : il y faudrait six gros volumes. Alors, si vous voulez en savoir davantage, regardez vivre les bêtes, autour de vous. Notez, réfléchissez, comparez. D'abord vous passerez des heures formidables, ensuite vous ferez peut-être des découvertes. Entrer dans l'univers animal, croyez-moi, c'est une façon d'être heureux.

La campagne électorale d'un chien de prairie

Ceci est une histoire politique et le chien de prairie n'est pas un chien, mais une espèce de marmotte qui ne s'endort pas en hiver et vit dans la Grande Prairie américaine, en villes immenses.

Des villes où ils peuvent être dix mille, broutent l'herbe des alentours, logent dans des terriers, font de petits monticules avec la terre qu'ils en ont tirée, placent toujours des guetteurs sur ces monticules pour surveiller les loups, les coyotes ou les oiseaux rapaces. Ce sont les animaux dont la vie est peut-être la mieux organisée, ici-bas.

Car chaque ville est divisée en quartiers, et les habitants de chaque quartier s'adorent. Quand deux chiens de prairie se rencontrent, ils se mettent debout sur leurs pattes de derrière et tombent dans les bras l'un de l'autre. Ce sont alors des embrassades à n'en plus finir. Ils se sont vus ce matin, notez, mais quand même ils s'étreignent comme des amis qui se retrouvent après trois mois de séparation.

Dans ces quartiers situés côte à côte, les mieux placés sont évidemment ceux du centre parce que, là, le loup ou le coyote ne se risqueront pas et qu'on sera prévenu par les guetteurs des quartiers périphériques en cas d'alerte. Enfin, il faut savoir que chaque quartier a son chef, un vieux chien de prairie, grand-père des habitants de son quartier, à qui tout le monde obéit, que l'on embrasse encore plus fort que les autres, qui prend son tour de garde comme tout le monde et règne débonnairement car il y a très peu de batailles entre chiens de prairie tant ils s'aiment, et jamais entre quartiers tant ils sont sages. Pourquoi se battraient-ils, d'ailleurs ? La Grande Prairie est là, avec de quoi manger pour tout le monde et la vie est si bien organisée...

Mais il y a des ambitieux partout. Des jeunes gens qui ont envie de passer chefs de quartier. Attaquer grand-père, le rosser, prendre sa place ? Il ne peut psychiquement pas. Quelque chose le bloquerait, s'il osait y penser. Tout simplement, quand le Vieux Chef mourra, quelqu'un prendra sa place, quelqu'un sur qui tout le monde est d'accord dans le quartier parce qu'il a bien su donner l'alerte, ou qu'il s'est montré plus sage que les autres dans telle ou telle circonstance.

Voilà donc notre jeune ambitieux obligé de regarder ce qui se passe dans le voisinage. Ce quartier-là, à côté, est commandé par un bien vieux chef. Là, pas de blocage, pas d' « inhibition » comme on dit quand on est savant. Si j'essayais de le remplacer ?

Attaquer le chef voisin, le rosser et s'instaurer

patron à sa place serait possible. Ça s'est vu mais ça n'a pas duré longtemps. Plutôt que d'obéir à cet inconnu, les chiens de prairie du quartier ont déménagé. Parfaitement. Ils ont quitté le centre où on est si tranquille pour aller s'installer en banlieue, tout près de la Grande Prairie où rôdent loups et coyotes.

Alors, notre jeune ambitieux va procéder autrement.

D'abord, comme par inadvertance, il va aller dans l'autre quartier. Ce qui ne se fait pas, chez les chiens de prairie où chacun reste chez soi. Un habitant du quartier est arrivé, étonné, presque mécontent et le visiteur s'est défilé : — Oh, excusez-moi, je m'étais trompé... Mais il reviendra tout à l'heure. Nouvelle arrivée surprise d'un habitant du quartier, nouveau départ, — Mais c'est vrai ! Je suis chez vous ! Pardonnez-moi, je suis tellement distrait... Il part, mais pour recommencer demain, après-demain, les autres jours.

Si bien qu'au bout d'un certain temps, les chiens de prairie du quartier prendront l'habitude de le voir. Peut-être aussi, à force de venir chez eux, aura-t-il pris leur odeur. Bref, on le tolère. Bientôt, on l'acceptera comme s'il s'était fait naturaliser chien de ce quartier-là. Ça prend longtemps, notez, et pendant ce long temps, le chef du quartier vieillit...

Maintenant, second stade, notre jeune ambitieux va commencer sa campagne électorale. Il fait le gentil, il salue tout le monde. Quand il a trouvé une belle touffe d'herbe, il court prévenir un habitant du quartier et la lui montre. Quand il en voit un prendre son tour de garde, il monte sur le monticule à côté pour lui tenir compagnie. Il se tient très bien avec les filles, sans les regarder ou presque, mais sans les vexer par son indifférence. Si par impossible un loup, un coyote ou un oiseau de proie arrivent, c'est lui qui donnera l'alerte le premier, qui s'effacera à l'entrée du terrier refuge pour laisser passer les petits. Pour tout dire, il se montre ab-so-lu-ment-char-mant.

Le voilà habitant du quartier à part entière. Il n'a plus qu'à attendre. Le Vieux Chef a vieilli. Tiens, ce matin, on ne l'a pas vu sortir de son terrier ? On a tiré le petit cadavre jusqu'à la Prairie, on est rentré. Quel chef aurons-nous ? Pas de discussion : il est tellement gentil avec tout le monde que tout le monde a fini par l'aimer. Le voilà chef...

Je vous avais parlé d'une histoire politique... C'était à peine vrai. La politique, à ce qu'on m'a dit, n'est pas ça du tout chez les hommes...

Les ours ont inventé le baby-sitting

L'ours brun a failli disparaître de nos Pyrénées.

Et puis, on a ouvert le Parc national tout le long de la frontière espagnole. Là, ours, ourses et oursons retrouvent peu à peu les habitudes de leur famille.

Ce que je vais vous raconter a été observé en Pologne, mais, ces observations pourraient être faites chez nous.

L'ours est un solitaire, et un gros gourmand. Solitaire, il veut avoir un territoire où personne ne le dérange. Gourmand, un domaine où il trouvera ce qu'il aime manger.

Les savants vous diront qu'il mange de tout. Vous aussi, vous êtes « omnivores », n'empêche que vous aimez mieux la crème au chocolat que les endives. Pour l'ours, c'est la même chose. Il faut que son territoire porte des hêtres parce qu'il adore leurs faînes, des arbres fruitiers sauvages parce que croquer une pomme lui convient, des tubercules de toutes sortes, des champignons, du lapin aussi parce que déterrer une portée de lapereaux et la manger lui plaît bien. S'il y vient des troupeaux de moutons, ce sera un peu ennuyeux à cause des bergers et de leurs chiens mais il s'arrangera quand même car un agneau, de temps en temps, ça fait du bien.

Notez qu'il en mange très peu, des agneaux. Quand on a ouvert le Parc des Pyrénées, les bergers ont protesté : « Les ours vont dévaster nos troupeaux ! » et ça a failli tout faire rater. Alors on leur a dit : « Bon, toutes les fois que vous serez sûrs que l'ours a mangé un de vos moutons, nous vous le paierons sans discuter. » Les bergers ont accepté, le Parc a été ouvert et, chaque année l'administration du Parc paye trois, quatre ou cinq moutons que les ours auraient mangés... sur des millions qui sont montés pâturer tout l'été en montagne.

Pour bien vous rendre compte de ce qu'est le territoire d'un ours, sachez qu'il lui faut aussi des rivières, pour boire et s'offrir une truite de temps en temps car il sait les faire sortir de l'eau, comme son cousin, le grand ours Kodiak qui, lui, pêche le saumon. Il faut surtout des coins absolument tranquilles, où l'homme ne va jamais et, dans ces endroits, des grottes ou de gros arbres creux où il s'y installera pour l'hiver. Le moins de chemins possible, et pas de route du tout.

Enfin des arbres à résine, des sapins, des épicéas ou des pins, parce qu'il a besoin de se sentir chez lui et que les autres ours le sachent aussi. Le sentent, plutôt...

Car, chaque année, au premier printemps, quand la sève et la résine montent, notre ours va faire le tour de son territoire où il repérera, sur ce qui, à son idée, est sa frontière, des pins ou des sapins assez gros, qu'il entaillera profondément, dressé contre leurs troncs, les blessant de ses griffes puissantes. Après quoi notre ours rentre chez lui et s'occupe de ses affaires.

Deux ou trois jours après, il revient aux arbres qu'il a blessés, les flaire : la résine coule sur leur écorce, collante à souhait. Il se frotte contre ces coulées de résine, un grand moment. Résultat : il va y laisser des poils, un peu de sa graisse et surtout son odeur.

Dorénavant, ces arbres sont des poteaux frontières. Cette odeur qui en sort, que les autres ours, s'il en passe, sentent et reconnaissent, signifie exactement pour eux : « Propriété privée, défense d'entrer ». Et — je l'ai vu de mes yeux en Pologne — l'ours en balade qui trottine dans la forêt, s'il a perçu cette odeur, s'arrête pile, flaire l'arbre et s'en va tout penaud. Le nôtre est chez lui, bien tranquille.

Ce qui ne l'empêche pas d'en sortir, parce qu'il est tellement gourmand. J'ai, d'Espagne en France, par des chemins impossibles, suivi dans mes jumelles un ours qui a marché vingt-neuf heures sans s'arrêter pour aboutir enfin à un lit de fraisiers sauvages. Arrivé là, le gros ours a cueilli, délicatement, une petite fraise entre ses énormes griffes, il l'a flairée, mangée, il a regardé s'il y en avait d'autres et, comme c'était la seule, il est reparti pour l'Espagne : vingt-neuf heures aller et vingt-neuf heures retour pour une fraise...

L'ourse, de son côté, en a fait autant. Elle s'est choisi un territoire semblable à celui du mâle, elle l'a marqué comme lui, elle y vit de la même manière. Reste à se marier.

Cela se passe tous les deux ans parce que les ours ne sont pas très sentimentaux et qu'il faut ce temps-là pour élever les petits. Quand le moment est venu, l'ourse se met à émettre une odeur particulière que l'autre sent à des kilomètres.

Son odorat est « conditionné » à cette odeur-là. Il grogne un peu, je pense, parce que toutes ces histoires, ça dérange, mais il se met en route, traverse ravins et à-pics avec une agilité d'alpiniste, rejoint la dame, reste avec elle une dizaine de minutes et s'en va. On n'entendra plus parler de lui jusqu'à dans deux ans.

L'ourse, à ce moment, est donc enceinte. Mais l'accouchement aura lieu bien plus tard. Alors elle mène sa vie sans accrocs, retournant de temps en temps à ses poteaux frontières pour s'y frotter et laisser son odeur, arpentant son territoire pour manger ce dont, au fil des jours, elle a envie. Quand on les laisse absolument tranquilles, les ours, au bout de quelques années, sortent dans la journée. S'il y a des hommes et des chiens dans leurs montagnes, ils ne se promènent que la nuit, restant, pendant le jour, à somnoler dans un des « refuges secondaires » de leur domaine, où personne ne les inquiète. Tout l'été passera ainsi.

Mais voici octobre, novembre et la fraîcheur. Il faut penser à l'hivernage. Notre ourse va d'abord voir si la grotte où elle a dormi l'hiver dernier est toujours aussi tranquille, s'il n'y a pas, autour, d'odeur suspecte révélant qu'un homme ou un chien sont passés. Ensuite elle va préparer son lit. Vous la verrez alors arracher des fougères, des genêts morts qu'elle porte dans sa gueule jusqu'à cette grotte.

Le temps passe : il fait de plus en plus frais, on trouve de moins en moins de choses à manger et tout un tas de petites transformations intérieures s'accomplissent dans l'organisme de notre ourse. Elle sent, elle devine que c'est le moment d'entrer dans la caverne d'hivernage pour dormir, sans plus rien absorber.

Là, une difficulté : même si on ne mange rien, les intestins fonctionnent et cela vous oblige à vous lever de temps en temps. Alors notre ourse va mordre des fougères et les avaler en les mâchant à peine. Ces plantes rudes vont traverser son estomac, passer dans son intestin. Au bout, elles formeront une sorte de bouchon qui bloquera ses fonctions intestinales... La voilà tranquille de ce côté. Cette précaution prise, elle entre dans la caverne, s'installe bien et s'assoupit. Nous sommes alors en novembre. Elle va somnoler pendant une quinzaine de jours, se réveillant de temps en temps pour sortir et vider sa vessie parce qu'il le faut bien, et puis, peu à peu, tout va s'arrêter en elle. Son intestin ne fonctionne plus, ses reins s'arrêtent, sa respiration se ralentit, son cœur bat de plus en plus lentement. Elle s'endort profondément.

Pas d'un sommeil cataleptique comme celui de la marmotte. Il peut arriver qu'elle se réveille ou qu'on (un homme, un chien) la réveille. Alors, ça peut être très grave : réveillée, active, le fameux « bouchon » partira, les fonctions intestinales se rétabliront et l'appétit viendra. Elle sortira parce qu'elle a faim. Or il n'y a, dehors, plus rien à manger puisque c'est l'hiver. L'ourse qu'on réveille ainsi est condamnée à mourir... à moins qu'elle ne devienne dangereuse car l'homme se mange aussi, quand on mange de tout. C'est pourquoi il ne faut jamais réveiller une ourse qui dort.

La voilà donc endormie. Ses oursons vont naître dans un mois : tout à fait à la fin de l'année ou dans les premiers jours de janvier. Donc en plein sommeil d'hiver. Tout de même, ça la réveille un peu. L'accouchement se fait d'ailleurs sans histoire : chacun des deux oursons pèse 250 grammes et elle, 250 kilos environ.

Alors, toute somnolente, l'ourse colle ses petits contre ses mamelles, pour qu'ils tètent, s'adosse au mur pour être plus à son aise et, dormant à moitié, commence à les lécher.

Pour les réchauffer, parce que, même dans une grotte toute petite et chauffée « à l'ourse » il fait frais, en janvier et en montagne, et aussi parce que les petits oursons se salissent comme de petits hommes... C'est de là que vient l'expression « Un ours mal léché ».

Trois mois, quatre le plus souvent, vont passer ainsi dans la grotte : elle somnole et lèche ses petits, ils somnolent et tètent leur mère ourse.

Mais avril finit par arriver et la température s'élève. Il va faire 10/12 ° et les ours vont se réveiller et perdre le « bouchon ». C'est ce qui arrive à notre ourse. Sitôt les yeux ouverts, elle s'aperçoit qu'elle a faim, vraiment faim. Ce qui se comprend : depuis octobre cette grosse bête n'a rien mangé, elle a accouché et elle a nourri ses deux petits pendant trois ou quatre mois...

Ayant faim, elle va manger, c'est-à-dire quitter la caverne où elle laissera ses oursons. Pas de problème en ce qui les concerne : ils sont encore minuscules, se traînent à peine par terre et n'ont absolument pas l'idée de sortir. Elle part donc et passe toute la journée dehors. Toute la nuit s'il y a des hommes ou des chiens dans la région, là où les ours sont « nocturnes ». Elle ira se frotter aux troncs qui marquent les limites de son domaine, et chercher, d'un bout à l'autre de sa montagne, les nourritures qu'elle préfère, en rentrant régulièrement pour donner les tétées du matin et du soir, lécher encore ses oursons. Trois mois s'écouleront ainsi : avril, mai, juin.

Mais voici juillet. Les oursons ont grandi. Ils veulent suivre leur mère. Là, un problème terrible se pose. Elle marche très vite, la mère ourse, et passe par des endroits où un alpiniste hésiterait. Si elle laissait ses oursons la suivre, ils n'y arriveraient pas, elle les perdrait dans la montagne et ils mourraient. D'autant plus que c'est tout fou, un petit ours : cela joue avec les papillons, les morceaux de bois mort, son ombre...

Elle n'a qu'à rester près de la caverne en mangeant ce qui s'y trouve pendant que ses oursons jouent autour d'elle ? Impossible : l'ourse a un tel appétit qu'en quelques jours elle aurait consommé tout ce qui est mangeable là. Ensuite elle perdrait son lait et ses oursons risqueraient encore de mourir.

Problème insoluble donc. Les ourses l'ont résolu à leur manière. A ce moment de l'année, quelqu'un traîne dans la montagne, ne sachant trop où aller : un des oursons de la portée précédente qui a presque trois ans, puisqu'ils naissent tous les deux ans. Il a dormi où il a pu, cet hiver, et maintenant, réveillé comme tous les ours, il se nourrit. Avec prudence : cet ourson, gros comme un gros chien, ne s'est pas encore trouvé de territoire. Partout où il va, il y a des « poteaux frontières » qui sentent l'ours et il mange timidement, craignant toujours l'arrivée du propriétaire.

Apeuré, inquiet, l'ourson a forcément envie de se rapprocher de l'endroit où il est né, là où mère ourse le nourrissait et s'occupait de lui. Depuis que Lorenz, le grand savant, a découvert le phénomène de « l'imprégnation » on commence à comprendre pourquoi les animaux ont toujours tendance à revenir au premier endroit qu'ils ont vu.

Cet ourson est donc là-bas, dans la montagne, flairant et se demandant s'il ne peut pas revenir à la caverne d'autrefois. La mère ourse le rencontre, et quelque chose d'étonnant se produit.

Est-ce elle qui le récupère et le ramène à la caverne, ou lui qui la suit, tout content d'avoir rencontré sa mère ? La seconde explication est probablement la bonne.

En tout cas, l'ourson de la portée précédente arrive à la grotte où sont les deux jumeaux, ses frères et sœurs. Et il va rester avec eux. Il trouve de quoi manger autour de cette grotte sans s'en éloigner beaucoup parce qu'il est encore petit. Et il va leur servir de bonne d'enfants.

Alors la mère, voyant qu'elle peut confier ses petits au frère — ou à la sœur — aîné, n'a plus de souci. Elle va recommencer ses interminables promenades en montagne puisqu'il s'occupe d'eux.

Car il s'en occupe effectivement. Il leur apprend comment on grimpe aux arbres, qu'il ne faut pas manger de belladone, comment on découvre un essaim de guêpes et comment on mange leur cire, qu'il faut se cacher et rester absolument immobile quand on entend aboyer un chien ou qu'on sent un homme. Il leur apprend à se battre en jouant avec eux. Il les éduque.

Pendant ce temps, la mère ourse va manger ce qui lui plaît par la montagne, revient régulièrement deux fois par jour pour les tétées, puis, quand les petits sont sevrés, pour voir si tout va bien et lécher encore ses oursons. Tout le monde est content : les petits parce qu'ils peuvent jouer avec un grand camarade, l'ourson de la portée précédente parce qu'il a trouvé un chez-lui, la mère parce qu'elle peut faire ce qu'elle veut.

Cette façon de faire, surprenante, a été découverte par les Polonais qui, dans le massif des Karpates, ont beaucoup d'ours qu'ils protègent et regardent vivre. Ils ont baptisé « pestoune » le frère aîné, et « landjacks » les jumeaux. Et nous, nous avons le droit de dire que les ours ont inventé le « baby-sitting ».

Comment est né le premier contre-espionnage de l'histoire : grâce au chat

Les zoologues ont eu bien des ennuis, avec l'histoire du chat. Tout le monde croyait qu'il avait été domestiqué en Égypte il y a à peu près cinq mille ans, dans les conditions que je vais vous raconter et puis, patatras ! l'un d'entre eux s'est mis à mesurer des crânes de chats fossiles et tout a été mis par terre.

Car, quand un animal sauvage devient domestique, sa boîte crânienne rétrécit. Les crânes de nos chevaux sont moins gros que ceux des chevaux sauvages, les boîtes crâniennes de nos vaches moins importantes que celles de leurs aïeules les dames aurochs.

Pourquoi ? Je n'en sais rien, mais c'est un fait. Or, ce zoologue, mesureur de crânes fossiles, reçoit un jour un lot d'ossements trouvés aux Indes, sur les bords du fleuve Indus exactement et qui, on en était sûr, dataient de dix mille ans au moins.

C'était intéressant, ces ossements : des os humains mêlés à des crânes de chats. Une tombe, sans doute, dont les propriétaires s'étaient fait enterrer avec des chats, peut-être parce que c'était la coutume. Ou des gens, hommes et chats, tués ensemble et ensevelis de même. Mais quels chats ? Le zoologue mesure leurs crânes, les compare à ceux des chats sauvages de la région : ils étaient plus petits ! Pas de doute, il s'agissait de chats domestiques... De chats domestiques qu'on avait enterrés avec leurs maîtres.

Oui, mais tout cela datait de dix mille ans. Autrement dit, la preuve était faite que, si les Égyptiens ont bien domestiqué un matou il y a cinq mille ans, les gens du bord de l'Indus avaient des minets domestiques bien avant.

Quels minets ou plutôt quels chats sauvages de l'endroit s'étaient laissé domestiquer ? C'est un secret que nos chats gardent bien. Car, où que cela se soit passé, le chat domestiqué descend forcément d'un chat sauvage.

Or il y en a une bonne trentaine d'espèces. On suppose, avec de bonnes raisons, que nos chats à nous, Européens, descendent du Ganté de Nubie, on hésite entre deux ou trois chats sauvages indiens pour ceux qui se laissèrent apprivoiser là-bas. Mais le problème ne fait que reculer.

Ces chats sauvages, d'où sortaient-ils ? Qui était leur grand-père chat à tous ? On n'en sait rien. Tous ont assez de points communs pour être évidemment des chats, mais avec des variations locales surprenantes. Tel chat des déserts a des pelotes de poils sous les pieds pour marcher sur le sable, tel autre, qui pêche ses poissons sous l'eau, a la tête plate, etc. Mais il fallait bien un premier chat, à l'origine ?... Un chat dont on retrouverait les fossiles et qu'on pourrait baptiser « ancêtre » ? On ne l'a pas trouvé.

Tout se complique encore si l'on se rappelle que le chat est un félin et que, chez les félins, on se croise et cela donne des petits qui se reproduisent normalement. Pas des mulets incapables de faire de petits mulets. Lion et tigresse, puma et jaguar, panthère et jaguar, etc., tout cela engendre des félins nouveaux, et qui se multiplient si on les y invite.

Alors ? Peut-être y a-t-il eu, à l'origine, avant même le tigre à dents de sabre qui faisait si peur aux bêtes préhistoriques, un aïeul des félins qui a donné des descendances, variées selon le lieu de leur existence, la façon dont elles se nourrissaient : lion en savane, tigre en forêt, panthère sur les arbres, cougouar près des rivières, etc. Il y aurait eu, dans cette foule, une panthère qui n'aurait pas réussi, et cette panthère serait devenue chat...

Cela dit, voici comment les choses se sont passées pour nos chats à nous. Ceux qu'on appelait « chats de gouttière » et qu'on baptise maintenant « européens ».

Tout commence trois mille ans avant notre ère. Les Égyptiens ont alors la manie des pyramides. Ils décident d'en bâtir une de plus mais, comme tout se fait à la main, ils s'aperçoivent que cette construction va occuper un monde fou. Or les paysans travaillent leurs champs, et, dans les villes et les villages, chacun a son métier qui est nécessaire à tout le monde, depuis le petit artisan jusqu'au ministre du pharaon. Pas moyen d'en débaucher assez pour bâtir cette pyramide : cela arrêterait la vie.

Pas d'ouvriers ? On va en faire venir. C'est ce que nous avons fait, en France. Pour ouvrir nos autoroutes ou construire les grands immeubles qui rapportent tant d'argent aux promoteurs, nous avons offert du travail aux Portugais, aux Nord-Africains. Les Égyptiens n'ont rien offert du tout. Ils ont envoyé une armée en Nubie, elle a rossé les Nubiens, et on leur a expliqué, à grands coups de bâton je pense, qu'ils seraient dorénavant esclaves-chargés-de-construire-les-pyramides et que ça suffisait de rouspéter comme ça.

Les Nubiens sont donc venus, à travers le désert et bien gardés, pour construire la pyramide. Mais ces « travailleurs immigrés » quand ils vivaient chez eux, avaient, autour de leurs campements, des voisins bien commodes : les chats gantés de Nubie, baptisés ainsi parce que ces matous à poils ras semblent avoir des gants au bout de leurs pattes. Ces chats à moitié sauvages mangeaient les restes des Nubiens. Pourquoi ont-ils suivi la colonne d'esclaves en marche vers l'Égypte ? A cause des restes, peut-être, à moins que des petits garçons et des petites filles nubiennes n'aient emporté dans leurs bras le chaton qu'ils aimaient ?

Tout le monde arrive au bord du Nil. Les Nubiens commencent à construire la pyramide commandée, les chats farfouillent là autour, comme font toujours les chats qui, lorsqu'ils se trouvent dans un endroit inconnu, commencent par le visiter.

Parvenus aux bords du fleuve, ils s'aperçoivent qu'il y a là des poissons et se mettent à pêcher pour se nourrir. C'est un geste naturel, chez le chat.

Mettez le vôtre près de l'aquarium où votre poisson rouge tourne en rond, c'est bien le diable s'il n'essaie pas de le prendre avec sa patte. Pas forcément pour le manger, d'ailleurs : pour voir ce que c'est.

Bref, les gantés de Nubie se mettent à pêcher. Pour leur compte ou pour leurs maîtres ? On ne sait pas. Les fresques de cette époque, qui montrent des chats tenant des poissons dans leurs gueules, prouvent que les matous pêchaient mais c'étaient peut-être des « chats-de-chasse », des « chats-qui-rapportent »...

Tout va bien jusqu'ici, et tout va aller beaucoup mieux quand les gantés de Nubie, avec leur manie de faire l'inventaire de tout ce qui les entoure, auront découvert la souris. Car il y en avait des millions, là-bas.

Pour une raison évidente : les Égyptiens cultivaient des céréales, les récoltaient, mettaient les grains dans des greniers où, ensuite, on venait les chercher pour faire les galettes de farine, base de leur nourriture.

Or un grenier où il y a des grains, cela attire la souris comme un aimant la limaille. Et les souris, ça mange... Songez qu'aujourd'hui encore, malgré nos raticides et nos poisons, les souris françaises consomment plus de 5 % de ce que nous récoltons...

Le chat voit ces souris d'Égypte, y goûte, trouve cela excellent. Dorénavant, il se consacrera exclusivement à la chasse aux souris. D'abord parce qu'il y en a tellement que c'est plus facile à attraper que les poissons ou les petits oiseaux, ensuite parce que cela facilite l'éducation des chatons. Prendre une souris, la confier à son petit pour qu'il apprenne à la tuer, est plus facile que de lui enseigner l'art de pêcher les poissons dans les roseaux du Nil. Les mères-chattes-gantées-de-Nubie, qui sont chargées de l'éducation des chatons, ont donc décidé qu'on chasserait la souris.

Ce qui a beaucoup plu à l'administration égyptienne. Une administration terriblement organisée, qui surveillait tout, à l'époque, et surtout les greniers parce que la nourriture de tout le peuple égyptien en sortait. Cette administration savait que, lorsqu'il n'y avait plus assez à manger, c'était la faute des souris, ravageuses des greniers où on entreposait les grains. Elle voit les chats manger des souris et s'en félicite.

Notez que les choses se sont passées, chez nous et bien plus tard, de façon assez semblable. Il y a eu, vous le savez, de terribles famines au Moyen Age. Mais elles ont été de plus en plus rares quand les chats sont arrivés chez nous.

Bon. Voilà les chats courant après les souris et l'administration égyptienne toute contente. Elle décide qu'il faut protéger ces alliés, empêcher qu'on les tue, leur faciliter la vie de façon qu'il y ait de plus en plus de chats, donc de moins en moins de souris et ainsi de plus en plus de grains dans les greniers.

Mais comment protéger Minet ? En en faisant un dieu... Un de plus ou un de moins n'était pas une affaire : les Égyptiens en possédaient déjà des foules, et vivaient, convaincus que des dieux les entouraient, qu'il y en avait partout. Alors, on a décidé que le chat serait dieu. Cela présentait un autre avantage ; un dieu, cela a des temples, des prêtres et des grands-prêtres. Voilà des emplois créés. C'est ainsi que le chat d'Égypte est devenu dieu, qu'on a construit, pour ce dieu-là, un nouveau temple à Bastis, qu'il y a eu, dans ce temple, une foule de servants, de prêtres et de grands-prêtres qui assuraient le culte de la déesse Bastet, une bien jolie personne à tête de chat dont on a retrouvé les statues, et enfin qu'une ville s'est construite autour de ce temple : Bubaste, dont on a retrouvé les restes, avec cent quatre-vingt mille momies de chats par-dessous...

Le culte du chat allait beaucoup plus loin. Chaque famille vénérait le sien. Hérodote, un historien grec, raconte que, lorsque le chat d'une maison mourait, le père de famille se rasait les sourcils en signe de deuil et que tout le monde se couvrait la tête de cendres pour montrer comme on était triste.

Et la vie a continué ainsi : chats très heureux, Égyptiens adorant leurs chats. Tout le monde, souris à part, était content. Des tas de siècles ont passé, jusqu'au sixième avant notre ère, il y a maintenant deux mille cinq cents ans.

Là, un incident s'est produit. L'Égypte était, dans nos régions du monde, le seul pays vraiment civilisé, le seul à posséder des chats. Mais il y avait, de l'autre côté de la Méditerranée, un autre pays qui va bientôt faire parler de lui : la Grèce.

La Grèce, pour l'heure, n'était pas encore une république, mais gouvernée par des Tyrans. De plus elle n'avait pas de chats, et c'était très ennuyeux parce qu'en Grèce aussi les souris dévastaient les greniers et causaient des famines. Les Grecs avaient bien la chouette, qui attrape des souris. Elle en avait, pour cela, fait une sorte de sous-dieu en donnant une chouette pour compagne à sa déesse Pallas-Athéna. Mais une chouette tue si peu de souris...

C'est alors qu'un navigateur grec, un peu banquier un peu pirate, qui commerçait d'île en île, avec son bateau, dans la Méditerranée orientale, est arrivé dans un port égyptien. Un port où l'administration du Pharaon permettait aux étrangers d'entrer. Il se promène par la ville, voit des animaux qu'il n'avait jamais rencontrés jusqu'alors, demande ce que c'est, on le lui explique en disant qu'on les adore ici et que, d'ailleurs, ils mangent les souris.

Le commerçant revient en Grèce, va trouver son Tyran et lui raconte qu'il a vu un animal comme ça et comme ça, qui paraît-il attrape des souris que c'en est une merveille. Le Tyran se dit qu'il y a peut-être là un moyen pour protéger les greniers de son peuple. Il ordonne au marchand de retourner en Égypte et d'y acheter des chats.

Le commerçant repart, va trouver les gens et leur demande de lui vendre leurs chats. Mais ça n'a pas marché du tout : ces chats étaient dieux, on ne vend pas ses dieux. Imaginez que M. Hua Ko-feng, qui gouverne la Chine, vienne demander au Pape de lui céder Saint Antoine de Padoue, par exemple... Bref on refuse de vendre les chats.

Le commerçant revient tout piteux, raconte la chose à son Tyran qui, pas content, décide que, puisque les Égyptiens ne veulent pas vendre leurs minets, on ira les leur prendre.

Et les ports d'Égypte ont vu débarquer des Grecs sournois qui allaient par les rues, faisant « Minet-Minet » ou quelque chose d'approchant, essayant d'attirer les chats, de les caresser et de les emporter dans leur manteau. Mais, là encore, ça n'a pas marché du tout.

Avez-vous déjà essayé, dans la rue, d'attraper un chat qui ne veut pas ? Il se débat, il griffe, il fait un foin de tous les diables. C'est ce qui s'est passé dans les rues d'Égypte et, comme les chats étaient des dieux et que tout le monde y tenait, ça a provoqué des bagarres. L'administration toute-puissante l'a su. Elle s'est émue, elle a fait expulser les espions grecs voleurs de chats.

Mais ils pouvaient revenir en douce, ici ou là, dans quelque village isolé de la côte, et arriver à attraper des chats... Alors l'administration vigilante a créé un service de fonctionnaires pour empêcher ce drame. Avec des agents dans les ports, son siège à Bastis, capitale du culte-chat, et des « antennes » dans les divers ports de Méditerranée orientale, pour récupérer les matous qu'on y apporterait si par hasard un espion grec arrivait à en chiper en Égypte. Un service exactement comme notre 2e bureau, ou comme l'Intelligence Service anglais.

C'est ainsi que, pour protéger ses chats, l'Égypte a créé le premier service organisé de contre-espionnage de l'histoire occidentale.

Notez que, très loin de là, des événements comparables s'étaient produits. Les Mandchous avaient des chats à oreilles tombantes auxquels ils tenaient beaucoup. Les Chinois en voulaient, les Mandchous leur en ont vendu mais seulement des mâles... Comme ça la Mandchourie gardait le monopole de cette race.

Mais le plus curieux est que ce service de contre-espionnage a si bien fonctionné que, pendant des siècles et des siècles, le chat n'est pas sorti d'Égypte.

Nos chats sauvages hantaient bien nos forêts où d'ailleurs on en trouve encore. Mais ce sont des animaux très différents du chat domestique, et qu'on n'arrive à apprivoiser que depuis qu'à Nancy, il y a quelques années, le professeur Condé a montré comment il fallait s'y prendre.

Pas de chat domestique en Europe, ou si peu que ce n'est pas la peine d'en parler. Le pape Grégoire IV s'était procuré une chatte dont il était très fier, mais c'est à peu près le seul minet connu jusqu'aux Croisades.

A ce moment-là, les Croisés partis libérer Jérusalem et les Lieux Saints, sont passés par l'Égypte. Ils y ont vu des chats, en ont rapporté dans leurs bateaux et, peu à peu, le matou s'est répandu à travers l'europe.

Vous connaissez la fin de l'histoire.

D'un côté le chat nous rendait d'immenses services, et donc nous le protégions. Un roi d'Angleterre, par exemple, va signer un édit déclarant que quiconque a tué le chat d'autrui devra, en amende, donner un tas de blé aussi haut que le chat tenu par la queue. Plus tard, notre Colbert obligera les capitaines de bateaux marchands à emporter deux chats avec eux pour que les souris ne mangent pas tout dans les cales. Plus tard encore, la Banque d'Angleterre entretiendra des minets pour que les souris ne mangent pas ses livres sterling.

Mais, d'un autre côté, le chat avait été dieu, et la hiérarchie ecclésiastique le savait. Faux dieu, évidemment, donc démon. Alors, elle a décidé que le chat, émanation du diable, était l'animal des sorcières et servait à leurs maléfices. D'où d'horribles coutumes : on « j'tait l'chet » par-dessus les rempart d'Ypres, une fois par an. On en lançait tout vivants, un peu partout et surtout à Strasbourg, dans les feux de la Saint-Jean. Songez qu'il y a eu une famille, les Pommerol, qui, jusqu'à la Révolution, touchait une rente de je ne sais combien d'écus par an, pour procurer des chats qu'on brûlerait ainsi. Triste époque...

Mais les minets étaient si gentils que beaucoup de gens se sont mis à les adorer. Une demoiselle Deshoulières, notre grand poète Joachim du Bellay, Richelieu lui-même, aimaient leurs chats comme vous aimez le vôtre.

A propos, savez-vous comment ont fini les chats de Richelieu ? Mal. En mourant, il en avait confié quatorze à deux de ses domestiques à qui on versait une rente de tant d'écus par tête de chat, pour ces minets, et tous ceux qui en descendraient. Bonne affaire. Malheureusement, ils ont dû mal surveiller leurs chats, et il y avait, à côté de chez eux, une caserne de tambours des Gardes suisses. Que s'est-il passé ? On ne sait pas, mais un triste soir, les chats de Richelieu ont disparu et, le lendemain, le cuisinier des tambours de la Garde suisse faisait manger du lapin rôti à ses clients...

C'est ainsi que, peu à peu, bonheur après malheur, le chat est devenu ce qu'il est aujourd'hui...

Comment le poney des Shetland est devenu cheval de compagnie

Je dois, pour que vous compreniez bien cette histoire de poneys, vous raconter toute celle du cheval.

D'abord, il y a vraiment très, très longtemps, un petit animal, pas plus gros qu'un lièvre, est apparu en Amérique, où on a retrouvé son squelette. C'était le grand-père de tous les chevaux.

Il a grandi, grandi, continuant de brouter l'herbe et de fuir les fauves qui le mangeaient. Ce qui l'obligeait à courir de plus en plus vite.

Mais il avait quatre doigts au pied et cela freinait ses galopades. Les siècles passent, un des doigts disparaît. L'animal grandissait, pendant ce temps-là. Entendez que seuls ont survécu et se sont multipliés ceux qui n'avaient que trois doigts. C'était encore trop pour s'enfuir assez vite. Un nouveau paquet de siècles et notre animal n'a plus que deux doigts au pied. Il grandissait toujours. Ça allait mieux mais c'était encore insuffisant pour détaler avant les autres bêtes et galoper longtemps.

L'évolution joue encore, notre animal n'a plus qu'un seul doigt. Il a alors la taille de nos bidets : c'est un cheval.

Si j'étais savant, je vous aurais expliqué tout ça beaucoup mieux, en vous parlant du méso-hippus, de l'épi-hippus, etc. C'est ainsi que tout a commencé.

En Amérique. Dans la grande plaine où paissaient les bisons. Or les bisons étaient plus nombreux, plus lourds que les chevaux. L'ennuyeux, c'est que bisons et chevaux mangeaient la même herbe. Il y avait concurrence et un des concurrents — le bison — était plus fort que l'autre. Allez éviter une masse de cent mille bisons qui charge, cornes basses ? Alors les chevaux sont partis. Depuis des millénaires, ils ont disparu d'Amérique. Ne m'interrompez pas en me parlant des mustangs, ces prétendus chevaux sauvages que montaient les Peaux-Rouges ! Je vous expliquerai d'où ils sortent.

Voilà donc nos chevaux obligés de quitter l'Amérique. Où aller ? A cette époque, la série d'îles qui soulignent le détroit de Behring était encore une bande de terre. Ils y vont, la suivent de bout en bout, arrivent en Asie, en Sibérie exactement, où il fait plutôt frais et où il n'y a guère de prés à brouter. Ils continuent leur voyage et aboutissent enfin en Asie Centrale, sur le Gobi, un haut plateau plein d'herbe, au-dessus du Tibet sur la carte. On sait tout cela par les fossiles retrouvés.

Arrivés là, ils s'installent. Juste des tigres ou des loups comme ennemis : ça allait. Et ils y vivent. Les chevaux qui logeaient jadis au Gobi existent encore : c'est le « cheval de Przewalski » dont chaque zoo a un ou deux exemplaires. Un beau cheval, ma foi, un peu différent des nôtres mais pas beaucoup.

Ils étaient bien, là-bas, nos chevaux. Ils vivaient de leur vie sauvage, en bandes conduites par un étalon. Les étalons se flanquaient des raclées pour savoir qui commanderait, les juments poulinaient à qui mieux mieux, les poulains galopinaient autour de leur mère jusqu'au jour où, sevrés, ils rejoignaient la horde pour épouser le père étalon s'ils étaient pouliches, se battre avec lui, se faire rosser et fonder une nouvelle bande s'ils étaient garçons. Tout allait bien, tigres et loups à part.

Si bien qu'un beau jour il y a eu trop de chevaux pour les herbages du Gobi. Alors ils sont partis. Pas tous, mais beaucoup et chaque bande de son côté. Ils ont émigré, voyageant à petites journées sans bien savoir où ils allaient car il n'y avait pas de livres de géographie à l'époque et qu'au surplus ils n'auraient pas su les lire. Ils allaient devant eux, vers l'herbe. Ils s'arrêtaient quand ils en trouvaient, ils continuaient quand elle devenait rare. Cela a pris des siècles et des siècles.

Certaines hordes, qui étaient allées vers l'est, sont arrivées en Chine, où le cheval ressemble beaucoup au père Przewalski. D'autres, parties vers le sud, ont marché marché, pour arriver enfin à un pays béni : la Mésopotamie, en Arabie. Là, il y avait des pâturages magnifiques, d'une herbe pas trop grasse, de telle sorte que les chevaux arabes restaient fins et déliés, du soleil, des fauves aussi — des lions — qu'il fallait fuir. Résultat : ces chevaux sont devenus le merveilleux cheval arabe, roi absolu de tous les chevaux, plus beau, plus intelligent, plus fier qu'aucune bête de la terre.

Pendant ce temps, d'autres bandes, quittant le Gobi surpeuplé, s'en allaient vers l'ouest, à petites journées. Elles ont traversé la Russie où beaucoup se sont fixées. Et ne m'interrompez pas encore en me parlant du tarpan, un cheval sauvage qu'on trouve par là-bas ! Le tarpan est un cheval domestique qui, il y a très longtemps, est redevenu sauvage.

Bon. Les hordes continuent leur marche vers l'ouest. Là où elles trouvent un beau terrain portant de la belle herbe, elles se fixent et leurs descendants, bien nourris, sont les grands-pères de nos boulonnais, de nos percherons, des ardennais, des trait du Nord, des gros chevaux qu'on voit encore et dont l'homme a fixé les races en les améliorant.

D'autres, continuant leur route, arrivaient sur des terrains pauvres, à l'herbe rare, qu'ils ne pouvaient, ou ne voulaient pas quitter pour une raison ou une autre. Restant là, mangeant peu, vivant à la dure, et surtout ne recevant aucun apport de sang étranger parce que les autres chevaux — ceux des plaines — ne venaient pas les rejoindre, ils sont devenus plus petits. Ils se sont « nanifiés » comme on dit. Et cela a donné le pottock, ce joli poney sauvage qui vit encore, tranquille dans ses bois, sur la frontière franco-espagnole, du côté du Pays basque, dans les forêts qui entourent la Sarre, peut-être le camarguais, et certainement le poncy dc Norvège. Bref, un tas de petites races que nous avons baptisées poneys.

L'histoire que je vais vous raconter est celle de certains descendants de ces poneys de Norvège.

Il fait très froid, là-haut, et les nuits durent très longtemps. Plusieurs mois au fur et à mesure qu'on se rapproche du Pôle, et ces nuits interminables arrivent en hiver.

Que s'est-il passé, pendant une de ces nuits d'hiver qui restent noires des semaines ? On ne le sait pas exactement vu que l'homme n'était pas encore là et que, si certains poneys sont morts sur la glace, on n'a évidemment pas pu retrouver leurs fossiles.

Mais on suppose (et c'est vraisemblable) qu'une grosse horde de poneys norvégiens s'est égarée sur la glace des rivages et qu'ils ont marché, marché, toujours sur la glace car cela s'est forcément passé pendant une de ces périodes où l'Atlantique gelait. Ils ont marché et marché encore, mourant de faim, laissant des cadavres derrière eux mais les plus forts allaient toujours vers l'ouest. Pourquoi dans ce sens-là ? Peut-être se souvenaient-ils vaguement que leur race avait fait son voyage d'est en ouest ? Plus probablement par hasard.

Si bien que, finalement, nos poneys de Norvège sont arrivés aux îles Shetland. Il y avait de l'herbe, là. Ils sont restés d'autant plus volontiers qu'ils ne pouvaient plus s'en aller, car l'Atlantique avait dégelé.

Et voilà nos poneys aux Shetland, vivant pas si mal que ça, reconstituant leurs bandes, libres sur les prés. C'est alors que l'homme est arrivé.

A vrai dire, nous avions rencontré le cheval, ailleurs, bien avant que des hommes aient débarqué aux Shetland. En France, cela avait mal commencé : il y a chez nous un site préhistorique qu'on appelle Solutré, où vivaient nos arrière-arrière-grands-pères, et, près de cet endroit, une falaise. Savez-vous ce qu'on a trouvé, au pied de cette falaise ? Des tas énormes d'ossements de chevaux. Et on a reconstitué le drame : les hordes humaines, incapables d'attraper les chevaux à la course, les pourchassaient jusqu'à l'à-pic où les animaux affolés se précipitaient dans le vide pour se fracasser en bas. Après quoi nos ancêtres les mangeaient. Étonnez-vous, après ça, que les étrangers s'indignent en voyant, chez nous, des « boucheries hippophagiques » qu'on ne trouve nulle part ailleurs ? Pas de quoi être fiers...

Heureusement, cela se passait autrement à Sumer, berceau de notre civilisation. Là, les hommes avaient appris à passer un mors dans l'intervalle qui sépare certaines dents des chevaux, ils les apprivoisaient, les attelaient. Plusieurs siècles après, ils montaient dessus et, peu à peu, siècle après siècle, inventant l'étrier, la selle et enfin le collier d'épaule, les hommes ont fait du cheval le merveilleux animal domestique que vous connaissez.

Mais au sujet duquel vous ne vous rendez peut-être pas compte que, sans lui, nous ne nous serions pas civilisés. Pas si vite, en tout cas. Nous aurions travaillé nos champs à la bêche, transporté le fumier, le blé et le foin dans des brouettes, et il y aurait eu beaucoup moins de blé pour faire du pain. Nous aurions voyagé en char à bœufs jusqu'à l'invention des locomotives. Allez devenir un peuple civilisé avec ça ! On parle toujours des chevaux de bataille d'autrefois : leurs congénères de trait nous ont rendu de bien plus grands services, ne serait-ce qu'en tirant nos péniches...

Pendant tous ces événements, les poneys des Shetland continuaient de vivre, bien tranquilles sur leur île. Comme ils y étaient tout seuls, qu'aucun autre cheval ne venait leur apporter son hérédité, ils se « nanifiaient » encore, devenaient de plus en plus petits. Si bien que, lorsque les premiers hommes ont débarqué aux Shetland, ils y ont trouvé les poneys que vous connaissez, gros comme des saint-bernard, tout bourrus à cause du froid, avec une belle crinière et une queue qui traîne par terre.

Et gentils au possible. Aucune difficulté entre les hommes et ces poneys. On vivait côte à côte en se rendant de menus services. Les hommes donnaient du foin aux chevaux pendant les mois d'hiver, moyennant quoi les shetland acceptaient, de temps en temps, de tirer les charrettes. Travail fini, récompensé, le poney retournait à sa bande.

Cela se passe encore, avec les ânes du Mali, qui sont sauvages et font ce qu'ils veulent dans la savane. Mais, si vous avez un gros paquet à porter, vous vous approchez d'un de ces bourris, vous le caressez entre les oreilles parce qu'il aime ça, vous lui mettez votre paquet sur le dos et il vous suit jusqu'à Bamako ou Mopti, sachant bien que vous lui donnerez à manger. Voyage fini, il vous quittera et retournera à la savane.

C'est ainsi que les poneys des Shetland vivaient, moitié sauvages moitié domestiques, quand un événement s'est produit.

Vous avez entendu parler de l'Invincible Armada, cette flotte formidable qu'un roi d'Espagne envoya conquérir l'Angleterre et que la tempête a coulée ? Un de ses bateaux, désemparé, est venu se briser sur les rochers des îles Shetland. Je ne sais pas ce que les marins sont devenus, mais, parmi les rescapés, il y avait un étalon arabe. Il a rencontré des juments shetland, régénéré leur race, lui apportant un peu du feu qui coule dans les veines de la sienne.

Jusque-là, tout allait bien. Mais une sombre période va s'ouvrir. Nous sommes au XVIIIe siècle, les Anglais deviennent une formidable nation industrielle grâce au charbon qu'ils tirent de leurs mines et qui fait tourner leurs machines. Seulement, il faut coltiner ce charbon depuis le « front de taille » où on l'a abattu, jusqu'à l'ascenseur qui le fera monter à la surface. C'est lourd, c'est fatigant. Faire tirer les chariots de charbon par de gros chevaux ? Il faudrait des couloirs très hauts, pour qu'ils puissent y passer. Les patrons des mines anglaises ont cherché de petits chevaux.

Il y en avait des foules en Angleterre, patrie des poneys parce que c'est une île et que, dans les îles, les races se « nanifient » pour les raisons que je vous ai expliquées. Mais il fallait des poneys tout gentils, acceptant de travailler au fond, et costauds malgré leur petite taille.

On a découvert les shetland et ç'a été très triste. Chaque année, à des foires qui existent encore, on allait acheter les poneys aux enchères, on les dressait, on les emmenait dans la mine et ces pauvres bêtes y restaient jusqu'à leur mort. Toute une vie de cheval par huit cents mètres de fond, sans jamais voir le soleil ni la lumière, à tirer les wagons dans les couloirs obscurs ! Le calvaire des gentils shetland a duré jusqu'à l'invention des tracteurs électriques...

Mais, pas très loin de là, les choses allaient s'arranger. Les Belges, au début de ce siècle, exploitaient leurs mines du Borinage et, imitant les

Anglais, y faisaient tirer le charbon par des poneys des Shetland.

C'est ce qui se passait sous un village du Borinage construit au-dessus d'une mine où tous les habitants travaillaient. Les hommes au fond, le poney aussi, les femmes à la surface à « trier l' carbon » comme on dit là-bas.

Et tout à coup, voilà qu'un « coup de poussier » se répand de couloir en couloir. C'est terrible, un « coup de poussier ». Ça tue moins vite que le grisou, mais ça tue... Les malheureux mineurs du fond courent dans leurs couloirs pour retrouver le puits et s'enfuir. Pas moyen ; la poussière est partout. Ils se bousculent dans le noir, s'affolent. Il y avait de quoi... Et voilà que soudain, ils voient leur poney qui trottine, tranquille comme Baptiste, en shetland qui sait où il va, tourne à droite, puis à gauche, file dans des galeries abandonnées depuis longtemps et où aucun mineur n'aurait eu l'idée de passer.

— Y doit savoir ! dit un mineur.

« Y savait »... parce que les chevaux ont une formidable mémoire des lieux. Laissez le vôtre à dix kilomètres de chez lui, s'il y est allé à pied, il reviendra tout seul. Ce poney avait été descendu dans la mine, plus de dix ans auparavant, par un puits désaffecté, oublié. Il s'en souvenait, comme il se rappelait les couloirs par où, du bas de ce puits, on l'avait amené à son écurie. Il y allait, tout bonnement.

Les mineurs l'ont suivi, il les a menés jusqu'au vieux puits qui était une entrée en pente douce et débouchait maintenant dans les broussailles. Ils sont sortis derrière lui et ils sont arrivés, tout noirs mais hilares, vers leurs femmes qui hurlaient de désespoir devant l'entrée de la mine... Le shetland avait sauvé tout un village. Vous pensez si on lui a fait fête !

Le lendemain, le patron de la mine vient féliciter ses mineurs. On lui raconte l'histoire. Or ce patron avait amené ses deux fils. Ils caressent le shetland.

Un shetland, quand on le caresse, frotte sa grosse tête contre vous, se fait câliner. Et puis c'est si joli, un shetland... Les deux garçons expliquent à leur père qu'on ne va tout de même pas renvoyer au fond un poney qui a sauvé tout un village et qui sait si bien se faire caresser. Le père comprend, et les quatre — le patron, les deux fils et le shetland — rentrent à la maison du propriétaire de la mine où, parce qu'elle était entourée de pelouses, le shetland a vécu jusqu'à sa mort. Il était si gentil, si amical, si drôle à voir, que les copains des enfants qui l'avaient recueilli ont voulu, eux aussi, des shetland. On en a acheté pour eux dans les ventes aux enchères des îles, ils ont été aussi amicaux que le premier, la mode s'en est mêlée et c'est comme cela que le poney des Shetland, d'abord sauvage, puis à moitié domestique, ensuite mineur, est devenu cheval de compagnie...

La vérité sur le mustang

J'allais oublier ma promesse au sujet des mustangs, ces prétendus chevaux sauvages qu'on voit dans la Grande Prairie américaine. Ils ne sont pas plus américains que moi.

Quand les Espagnols sont arrivés au Mexique, il n'y avait, d'un bout à l'autre des deux Amériques, plus un seul cheval depuis des millions d'années. Les hommes n'en avaient jamais vu. Mais pourquoi diable une légende racontait-elle, là-bas, qu'un certain souverain, mort depuis des siècles, reviendrait un jour, monté sur un animal extraordinaire, et deviendrait maître du pays ?

Un rêve, un souvenir aboli d'hommes, des Vikings peut-être, ou des Irlandais, qui avaient connu le cheval, et dont les arrière-descendants avaient répété les histoires après avoir débarqué en Amérique bien avant Christophe Colomb ? Les histoires étaient devenues légendes et les légendes actes de foi.

En tout cas, lorsque les Espagnols que commandait Cortez ont débarqué, les Mexicains ont eu une peur épouvantable des chevaux. Si peur qu'ils se sont laissé battre et massacrer.

Mais voilà qu'un beau jour quatorze chevaux des armées espagnoles se sont échappés. Ils ont choisi la liberté dans la Grande Prairie où il y avait tant d'herbe à brouter. Ces quatorze étalons et juments sont les grands-pères des mustangs que les Indiens ont rencontrés et qu'ils ont appris à monter. Ils vivent encore, sauvages, dans la Prairie. Certains servent aux rodéos que vous avez vus au cinéma. D'autres, et c'est très triste, sont chassés pour leur viande, dont on fait des pâtées pour vos chiens et vos chats.

Il y a comme cela, un peu partout, des chevaux redevenus sauvages.

Les camarguais, par exemple, sont peut-être des descendants de chevaux arrivés là au bout du grand voyage que je vous ai raconté. Peut-être aussi descendent-ils de chevaux arrivés dieu sait comment, avant l'invasion romaine, d'Afrique du Nord. En tout cas, ils étaient là quand les légions de César y sont passées. On le sait parce que Jules en parle avec admiration.

Un de ses lieutenants avait même entrepris de créer un haras de camarguais, qu'il voulait croiser avec des chevaux italiens. Mais cela n'a pas marché : les poulains ne valaient rien. On a essayé bien des fois, depuis, de croiser des camarguais avec d'autres races et ç'a toujours été un échec. Les généticiens diront peut-être un jour pourquoi.

En tout cas, à force de vivre dans ses marais, le camarguais est un cheval à part. Il galope naseaux fermés alors que les autres les ouvrent tout grands : on suppose que c'est à cause du mistral. Il est formidablement résistant et si intelligent qu'il a à peine besoin d'un cavalier pour rassembler et conduire les manades de taureaux. Un seul ennui : il est devenu la proie du tourisme et rien n'est aussi triste que ces prétendus « ranchs » où de malheureux camarguais s'ennuient, s'étiolent. On ferait mieux de les laisser libres, avec les gardians leurs amis et les taureaux leurs compères...

Les hirondelles et le savetier de Bâle

Si je vous disais gravement que, chaque été, les hirondelles nous quittent pour aller passer l'hiver en Afrique d'où elles nous reviendront au printemps, vous hausseriez les épaules : vous savez ça depuis longtemps...

Oui, mais autrefois on ne le savait pas. Songez que le premier savant qui ait étudié les bêtes, un certain Aristote, très grand philosophe par ailleurs, qui vivait il y a deux mille quatre cents ans à Athènes, a écrit, sur les hirondelles, la plus grosse bêtise de sa vie :

— Les hirondelles, écrit Aristote, passent l'hiver sous la glace, dans les marais...

Pourquoi avait-il dit cette énormité ? Peu importe. Aristote a découvert, sur les animaux, assez de choses pour qu'on lui permette une erreur. Mais tout de même, celle-là était de taille.

Le pire, c'est qu'on l'a cru, et que, pendant des siècles, les « savants » ont écrit que les hirondelles passaient l'hiver sous la glace, dans les marais. On n'en avait jamais trouvé ? Aucune importance, Aristote l'avait dit donc c'était vrai.

Et cela a duré jusqu'au XVIIIe siècle, quand le grand Buffon a écrit son gros livre sur les bêtes. C'était un curieux personnage, que ce marquis de Buffon : il mettait des manchettes pour écrire, et à 72 ans, étant allé rendre visite à une de ses parentes abbesse dans un monastère, il a enlevé une jeune religieuse et l'a épousée... Mais c'était aussi un savant qui réfléchissait.

Cette histoire d'hirondelles qui passent l'hiver sous la glace dans les marais ne lui plaisait pas du tout. Il veut la vérifier, fait attraper cinq hirondelles, les met dans la glacière de son château et revient trois jours après : les hirondelles étaient mortes.

Notre Buffon se dit qu'Aristote s'est trompé, mais tout ça ne disait pas ce que les hirondelles deviennent en hiver.

C'est alors qu'un savetier de Bâle, qui avait son échoppe en plein vent, est arrivé à apprivoiser une hirondelle qui, chaque année, venait faire son nid sous l'auvent. Il lui donnait des moustiques, il lui parlait doucement, il empêchait le chat d'aller vers le nid et l'hirondelle avait fini par se laisser caresser. Cela a duré plusieurs années, l'oiseau arrivant et repartant ponctuellement, avec les autres.

Mais voilà que notre savetier se pose la même question que M. de Buffon : où allait-elle, cette hirondelle ? Il se dit qu'il y a peut-être un moyen, l'attrape, et lui attache à la patte un tout petit papier sur lequel il avait écrit :

Hirondelle
Si fidèle
Dis-moi, l'hiver où vas-tu ?

Les vers n'étaient pas fameux mais l'idée ingénieuse. L'hirondelle s'en va, revient le printemps suivant, avec un autre bout de papier à la patte. Le savetier la câline, lui prend son bout de papier et y lit ceci :

A Athènes,
Chez Antoine
Pourquoi t'en informes-tu ?

La chance, le hasard, avaient voulu que cette hirondelle passe, en hiver, à Athènes, qu'elle ait eu là un autre ami par qui elle se laissait caresser, et que cet ami parle et écrive le français. Il avait répondu, voilà tout...

N'empêche que le savetier était plutôt étonné. Il raconte son histoire à ses voisins, leur montre le bout de papier que l'hirondelle avait apporté, toute la ville en parle, l'anecdote vient aux oreilles de savants de Strasbourg, qui l'écrivent à d'autres chercheurs. On se met à baguer des hirondelles comme, déjà, on baguait les faucons mais en mettant, sur les bagues, une petite indication disant qu'il faudra la retourner à M. X, telle adresse, en lui disant où et quand on l'a trouvée. C'est ainsi que, peu à peu, année après année, on a reconstitué le voyage des hirondelles.

Les deux principales hirondelles de nos pays — l'hirondelle de fenêtre qui a la queue carrée, et l'hirondelle de cheminée dont la queue s'achève en deux longs filaments — nous quittent en août. Elles voyagent de jour, se reposent la nuit dans les grandes roselières comme la Brière ou la Sologne, vont en Afrique, du Congo et de l'Afrique occidentale à l'Afrique du Sud. Beaucoup passent l'hiver autour du lac Tchad. Elles reviennent au printemps, montant vers le nord et s'arrêtant si la température, pendant toute la journée, tombe au-dessous de 9°. Dès qu'il fait plus de 9° elles repartent vers la France. Ce qui s'explique : l'hirondelle vit d'insectes qu'elle attrape en volant, et ces insectes ne volent que s'il fait plus de 9°.

Elles circulent à 55 kilomètres à l'heure à ce moment, donc beaucoup moins vite que lorsqu'elles chassent le moustique, et elles se dirigent d'après la position du soleil, sachant qu'il faut voler Nord au printemps et Sud à l'automne.

Il y aurait bien d'autres choses à dire sur la migration des hirondelles, mais nous verrons tant d'autres oiseaux migrateurs dans ce livre que nous finirons par réunir ce qu'il faut savoir à leur sujet.

Mais nous en saurions beaucoup moins long s'il n'y avait pas eu, un jour, une hirondelle qui avait deux amis, l'un à Bâle et l'autre à Athènes...

L'ivrognerie chez les fourmis

Les fourmis sont des gens sérieux, c'est entendu. Sérieux, mais toxicomanes, ivrognes à leur manière. Tout dépend des argus bleus à raies brunes.

L'argus bleu à raies brunes est un papillon qui, comme tous ses pareils, commence par être chenille. Chenille sur bruyère, exactement, car la mère papillon a pondu son œuf sur la bruyère. Elle devait savoir, je pense, que la feuille de bruyère conviendrait à son enfant chenille puisqu'elle y était née elle-même. Quoique (soyons précis), il n'est pas sûr du tout que le papillon se souvienne de sa vie de chenille : tant de transformations, la dernière surtout, doivent chahuter sérieusement sa mémoire. C'est son problème. L'essentiel est qu'au début de sa vie, la chenille de l'argus bleu à raies brunes vit des feuilles de bruyère qu'elle grignote sans avoir à se fatiguer, puisque son œuf y était.

Quelques transformations ensommeillées, et notre chenille descend de sa bruyère. La voilà grandelette, et il lui faut de petits insectes, des larves, pour passer nymphe et enfin papillon. Elle part à la chasse, pattes trottinant sous elle. Pas très longtemps : voici un petit sentier déblayé. Oh, un sentier minuscule, un de ces cheminets que les fourmis empruntent quand elles vont à leurs affaires. Pas large, juste suffisant pour que deux colonnes de fourmis s'y croisent, ou qu'une fourmi y rencontre une chenille d'argus bleu à raies brunes, par exemple... La nôtre prend ce petit chemin. Sait-elle ce qui va se passer ou est-ce « programmé » dans sa petite tête de chenille, d'y cheminer ? On n'en sait rien.

Mais cela réussit. Voici qu'une fourmi remonte le petit chemin dans l'autre sens. Notre chenille va toujours : elle est tellement plus grosse que la fourmi que c'est une rencontre sans importance. La fourmi, elle, arrive dans l'autre sens. Reconnaît-elle la chenille d'un argus bleu à raies brunes ? C'est bien probable. Elle est tellement toxicomane, cette fourmi... Elle arrive de plus en plus près de la chenille, la croise. D'en haut, avec les différences de taille, on dirait une 2 CV croisant un gros camion. Mais, la croisant, elle se trouve tout près parce que le chemin est si étroit. Sent-elle l'odeur du jus sucré dont elle va se saouler ? C'est probable. En tout cas, en fourmi qui sait ce qu'elle fait, elle touche la chenille du bout des antennes.

La grosse chenille sent ce contact et agit comme il convient dans ce cas, quand on est chenille et que quelque chose d'imprévu survient : elle fait la morte. Elle se met en boule.

La fourmi est au courant. Elle s'approche encore plus de la chenille en boule, se glisse entre les poils et les pattes, lui titille le ventre avec ses antennes. Bonheur et délectation ! C'était bien une chenille d'argus bleu à raies brunes ! Une de ces merveilleuses chenilles qui sécrètent un jus sucré dont les fourmis sont folles. Notre fourmi prend une première lampée de cette liqueur sublime. Mais le plus dur reste à faire.

Elle ne va pas garder sa découverte pour elle toute seule, cette fourmi. Elle ne peut pas. Parce qu'une fourmi, ce n'est rien, c'est un morceau de fourmilière. Tout ce qu'elle fait, c'est pour la fourmilière. Altruisme, vertu, dévouement ? Mais non : c'est comme ça, voilà tout.

Il faut donc que la fourmilière profite de sa trouvaille. L'y amener ? Ce n'est pas commode, tant la chenille est plus grosse qu'elle. Elle s'y accroche pourtant des mandibules, la tire sur le petit chemin. C'est lourd, c'est difficile. Mais bientôt d'autres fourmis arrivent et viennent lui donner la main. Peut-être passaient-elles par hasard, peut-être la première fourmi a-t-elle émis une odeur d'appel.

Car c'est par l'odeur qu'elles communiquent. Quand vous attaquez une fourmi, elle lance un petit nuage qui reste quelques secondes en l'air, portant un produit chimique extrêmement compliqué : la substance d'alerte qui prévient les autres fourmis. Rien n'empêche donc de croire qu'elles ont une substance d'appel. L'essentiel est que d'autres fourmis accourent, que toutes se mettent au travail et que, poussant-tirant, elles remorquent comme elles peuvent la grosse chenille à la maison.

L'autre se laisse faire. Peut-être a-t-elle déjà compris qu'elle va vivre comme un coq en pâte... C'est peu vraisemblable car l'intelligence des chenilles n'est pas immense. Peut-être, là encore, la « programmation » (l'instinct, si vous voulez) joue-t-elle. Peut-être aussi reste-t-elle en boule parce qu'elle a peur et que, quand on a peur, on fait la morte.

Enfin, le cortège arrive à l'entrée de la fourmilière. On y pousse-tire la chenille, on l'y suit. Vous imaginez la suite : toutes les fourmis, parce qu'elles sont horriblement gourmandes, vont venir titiller avec leurs antennes le ventre de la chenille enfermée et se saouler du jus sucré qu'elles en tirent, comme des ivrognes qui vont boire un coup dans leur cave, et en remontent titubant.

Mais la chenille, dans tout ça ? D'abord, on a cru qu'elle mourait, enfermée dans la fourmilière obscure. Et on l'a plainte : pauvre petite chenille d'argus bleu à raies brunes qui n'aura pas pu devenir papillon et qui crèvera dans le noir, sans jamais voir le soleil...

C'était pire. Il y a quelques années, un zoologue examinant une grosse fourmilière en voit sortir un papillon, puis un autre et un troisième. Des papillons frais éclos de la chrysalide qui, comme tous les papillons dans ce cas-là, laissaient d'abord sécher leurs ailes, les dépliaient, les secouaient et puis s'envolaient tout gaillards.

Diable ! Les papillons n'ont pas l'habitude de naître dans les fourmilières... Notre zoologue en prend un : c'était un argus bleu à raies brunes. Que faisait-il là-dedans ?

Le zoologue ouvre la fourmilière et la trouve dans un état désespéré. Plus la moindre larve, plus d'œufs, plus rien que des fourmis qui errent çà et là dans les couloirs. Que s'était-il donc passé ?

Le pire... Je vous ai dit que notre chenille d'argus bleu à raies brunes était descendue de sa bruyère pour aller chercher la nourriture qui maintenant lui était nécessaire ? Elle l'avait trouvée dans la fourmilière : elle avait mangé toutes les larves des fourmis. Et les fourmis la laissaient faire, elles la regardaient tranquillement dévorer leurs larves, leurs petits, l'espoir de leur famille, leur raison de vivre, parce qu'elles ne pensaient plus qu'à lui lécher le ventre pour avoir le jus sucré.

On a repris cent fois les recherches du zoologue et chaque fois la chose s'est confirmée. Les fourmis aiment tellement ce que sécrète la chenille de l'argus bleu à raies brunes qu'elles la transportent chez elle, se régalent, la laissent manger leurs larves. Au point que la fourmilière est condamnée à mort.

Et vous me parlerez encore du sérieux des fourmis !

L'hippopotame et la propriété privée

Les animaux ont-ils le sens de la propriété privée ? Pas de doute quand il s'agit de bêtes de la même espèce : le lion ne va pas chasser sur le territoire d'un autre lion, le loup chez un autre clan de loups et les bettas combattants, ces petits poissons d'aquarium que les Chinois faisaient se battre, sont d'autant plus courageux qu'ils se rapprochent du centre de leur domaine. Mais entre espèces ? Cette histoire montre qu'il y a, entre éléphants et hippopotames du moins, comme une notion des droits du propriétaire légitime d'un terrain.

Elle s'est passée dans un de ces grands parcs où, en Allemagne, on laisse les bêtes en semi-liberté. Pas tout à fait libres, mais assez cependant pour que leurs manières de faire ne soient pas trop différentes de ce qu'elles seraient s'ils vivaient chez eux.

C'était un très grand parc, où un couple d'éléphants vivait tranquillement, allant se mettre à l'ombre sous de grands arbres quand le soleil tapait, s'empoussiérer de sable si l'envie leur en prenait, se baigner dans un étang quand ils en avaient besoin. Deux beaux éléphants de quatre à cinq tonnes chacun, un mâle et une femelle. C'est-à-dire des gens qui se sentent chez eux et ne sont pas timides du tout, ni craintifs pour un sou.

Là-dessus, le directeur du parc reçoit une hippopotame arrivée d'Afrique par avion. Une jeune fille, pas très grosse : une tonne, une tonne et demie au plus. Avec l'inévitable timidité des adolescentes qui existe chez les hippopotames aussi, quand elles ne se sont jamais battues.

Le van arrive, on ouvre la porte, la petite hippopotame en sort péniblement sans que les deux grands éléphants s'occupent d'elle, ils étaient en train de se baigner dans la mare et, pour eux, c'est une opération importante : on se met les pieds dans l'eau, on en aspire avec sa trompe et on s'arrose tout partout très soigneusement.

La jeune hippo débarque. Vous ou moi aurions commencé par regarder autour de nous pour voir à quoi ressemble l'endroit où on nous a amenés. Parce que « voir » pour nous, est essentiel. Nous disons « Tu vois ? » pour dire « Comprends-tu ? » Mais, chez les hippopotames, la vue a moins d'importance que l'odorat. Chaque chose, chaque être, chaque endroit, pour eux, c'est d'abord une odeur, qu'ils distinguent et reconnaissent aussi nettement que nous reconnaissons un coffre-fort d'un cor de chasse. La petite hippo débarquée a donc, d'abord, flairé l'air.

Et qu'est-ce qu'elle a senti de familier, d'intéressant ? L'odeur de l'eau de la mare. Cela lui disait quelque chose parce que, dans sa famille, on passe des journées entières dans l'eau. Pour deux raisons : parce qu'il fait plus frais que dans l'air des régions tropicales (où vivent ces grosses bêtes) et aussi parce que, dans l'eau, on se sent moins lourd.

C'est, je crois, la raison principale. Un hippopotame adulte pèse près de quatre mille kilos. C'est lourd à déplacer, un poids pareil et, quand on reste debout sur quatre pattes courtes, ça pèse. Au contraire, dans l'eau, je ne vous apprendrai pas que « tout corps plongé dans un liquide subit une poussée de bas en haut... etc. ». C'est la raison essentielle des interminables séjours des hippo dans leurs fleuves et leurs marigots. Si bien qu'on a le droit de dire que ces animaux-là ont découvert le principe d'Archimède bien avant nous.

Notre jeune hippo sent donc l'odeur de la mare. Le reste ne l'intéresse absolument pas. Le camion qui l'avait amenée, les hommes là autour, les maisons, les odeurs d'essence ? Ce n'était pas son affaire. Il y avait de l'eau par là, l'eau c'était sa patrie, il fallait qu'elle aille dans cette eau.

Et elle y va, du petit trot décidé d'une jeune hippopotame qui sait ce qu'elle fait. Elle arrive au bord de l'étang. Horreur ! Deux éléphants ! Qu'est-ce qu'ils faisaient là, je vous demande un peu ? Les éléphants, ça va dans les mares où il n'y a pas d'hippopotames, tout le monde vous le dira. Et ces deux-là qui... Notre jeune hippopotame a bâillé pour montrer qu'elle avait des dents considérables — c'est la façon hippopotame de dire qu'on n'est pas d'accord — et, oubliant la modestie de son sexe, la timidité de son âge, les émotions du voyage, elle a chargé !

Cette jeunette pesait moins de deux tonnes, notez bien, et chaque éléphant le double. Et ça a des défenses, un éléphant, et ça sait se battre, et ils étaient deux, et le mâle devait se montrer particulièrement courageux puisqu'il était devant sa femelle. Normalement, ils auraient dû faire face, mettre en fuite cette péronnelle qui venait les déranger dans leur toilette.

C'est le contraire qui s'est passé. Les éléphants sont sortis de la mare à toute allure, ils ont collé leurs oreilles à leurs tempes, montrant ainsi comme ils avaient peur, et ils ont filé tout penauds. Et la petite hippopotame les a poursuivis un grand moment, pas surprise du tout de sa victoire, continuant à montrer ses grandes dents jaunes. Il a fallu que les hommes interviennent pour qu'elle arrête de pourchasser les deux éléphants en déroute.

Ce qui prouve que, dans certains cas bien précis, quelques animaux ont une notion de droit. L'hippopotame considérait que cette mare lui appartenait parce qu'elle était hippopotame et les deux éléphants l'ont admis. C'est un aspect de la psychologie animale qui méritait d'être noté.

La surprise-partie chez les geais

Chaque animal vit pour lui-même, pour les siens dans certains cas, mais le geai, par un curieux hasard, finit par vivre pour la communauté. Pas exprès, bien sûr : parce qu'il est tellement nerveux cet oiseau multicolore est passé concierge des bois...

Entrez innocemment dans un coin de forêt où se trouve au moins un chêne. C'est nécessaire ; les glands sont l'essentiel du menu des geais au point qu'on les appelle « geais des chênes ». Vous n'avez pas fait trois pas qu'un « rrresch » raye le silence. Levez la tête : une tache jaune et bleue disparaît dans les feuilles, puis une autre. Un couple de geais vous a vu, ils ont eu horriblement peur ou ça les a mis très en colère (tout fait peur aux geais et tout les met en colère) et ils se sont enfuis en lançant le cri d'alarme de leur famille.

L'important, c'est que toutes les bêtes du bois connaissent ce cri d'alarme et savent que le geai le lance dès que quelque chose d'anormal arrive. En l'entendant, les lapins s'immobilisent, les écureuils passent de l'autre côté du tronc, les petits oiseaux restent piqués sur leur branche, les grosses bêtes se cachent, blaireau dans son terrier, lièvre au creux d'un fourré, renard dans un de ses abris secondaires. Le geai a rendu service à tout le monde en lançant son « rrresch ! »

Ne le maudissez pas, si vous êtes ami des bêtes. Il les protège contre les chasseurs. Quand ces gens-là chassent « en battue », ils s'embusquent derrière des buissons et attendent qu'arrivent perdrix, lapins, lièvres, sangliers et faisans que les rabatteurs, là-bas devant, à l'autre bout de la plaine, font fuir en avançant en ligne, bâtons tapant sur les buissons. Tout ce petit monde gibier, apeuré, doit foncer sur les chasseurs qui les fusilleront. Mais interrogez les rabatteurs : si, au début de leur marche, ils ont fait s'envoler un geai, ce damné oiseau aura lancé son cri d'alarme et adieu la chasse... Toutes les bêtes, prévenues, se seront immobilisées, cachées ou défilées d'une façon ou d'une autre. Même les gros sangliers qui ne craignent rien au monde : « rrresch » entendu, on les voit se lever doucement, prendre le vent pour comprendre ce qui se passe, plisser un peu le bout du nez quand ils ont découvert que les rabatteurs étaient par là et les chasseurs de l'autre côté, et se défiler en douce, au petit trot, leurs quatre-vingts kilos ne faisant pas plus de bruit qu'une libellule, pour disparaître sur le côté. Les lièvres restent dans un trou de la prairie en essayant, dit-on, de retenir leur odeur. Les perdrix piètent et piètent encore au lieu de s'envoler. Souvent, les gros faisans se mettent sur l'aile à grand bruit mais pour prendre aussitôt un peu de hauteur et survoler les rabatteurs qui ne peuvent pas leur faire de mal. Bref, tout le monde emploie ses propres ruses pour éviter la ligne des chasseurs. Tout cela à cause du geai qui, en une matinée, aura sauvé la vie d'une foule de bêtes, parce qu'il est tellement nerveux.

Si nerveux qu'il en devient parfois migrateur par névrose. Il y a des foules de geais en Pologne, sur les forêts de chênes de là-bas. Eh bien, certaines années, ces geais polonais s'en vont vers l'ouest, volant à cent mètres les uns des autres, se posant tous les trois cents mètres parce qu'ils sont mauvais voiliers. Ils vont traverser ainsi toute l'Allemagne, la Hollande, la Belgique. Certains, arrivés aux bords de la Mer du Nord s'y lancent même, si le vent leur souffle au croupion. La plupart tomberont à l'eau mais certains aboutiront en Angleterre si la tempête les a portés.

Pourquoi ces migrations de geais, absolument inexplicables ? Les baguages l'ont prouvé : pas de surpopulation, les années où ils partent ainsi en voyage. Les botanistes l'ont affirmé : autant de glands que d'habitude et les chênes polonais ne sont pas malades du tout. Alors ?

Alors une seule explication : ces geais se sont enfuis par peur. L'un d'eux a eu encore plus peur que d'habitude, il aura crié, communiqué sa frousse aux autres qui, criant « rrresch » à leur tour, l'ont refilée aux geais voisins si bien que toute la population geai d'un terroir, épouvantée, s'est mise en route pour fuir un danger dont chacun avait entendu parler.

Si peureux qu'ils se font peur les uns aux autres, et que rencontrer un congénère met le geai en fureur.

Vous pensez bien qu'avec de tels névrosés, les mariages sont difficiles, puisque avant de faire le nid, de s'accoupler, de pondre, de couver et d'élever les petits il faut que les couples fassent connaissance, s'acceptent ou se choisissent l'un l'autre.

La nature a prévu le cas. C'est pour cela qu'il y a des surprises-parties de geais.

Observez les vôtres en hiver. Les couples ayant déjà niché restent plus ou moins ensemble mais, si vous avez des jumelles et l'habitude de surveiller la plaine ou les endroits dégagés, vous verrez, à certaines heures, des geais voler en file indienne, chacun suivant l'autre à trente mètres. Regardez bien : ce sont des jeunes qui vont danser.

La queue leu leu d'oiseaux (il faudrait dire la queue geai geai) vole tout droit vers un arbre isolé, déplumé par l'hiver. Chacun s'y perche, assez loin de tous les autres. Maintenant surveillez tout l'arbre. Vous allez voir les geais sauter de branche en branche, voleter ici et là, faire des pitreries. Je me rappelle quatre geais, sur un noyer de Trémolin qui, perchés côte à côte sur une branchette, faisaient interminablement la révérence, jusqu'à sembler basculer sur l'avant. Cela continuera pendant une heure ou deux. Ensuite, tout le monde s'envolera, chacun retournera à ses affaires, c'est-à-dire à ses glands, mais demain on se retrouvera sur un autre arbre, pour une autre surprise-partie, car il y en aura pendant huit à dix jours...

Vous pensez si les zoologues se passionnent pour cette saison mondaine des geais : ce qu'ils font, à ce moment-là, en dansant, doit donner l'essentiel de leur langage par gestes, de celles de leurs attitudes qui ont un sens.

Tout ce qu'on sait, actuellement, parce qu'on a bagué de jeunes geais au nid, c'est que ce sont les jeunes qui se réunissent ainsi et qu'ensuite les couples se forment parmi les danseurs. D'où une hypothèse qui tient debout : la saison mondaine des geais permet à ces grands nerveux de constituer leurs couples, de faire connaissance...

A propos, à quoi servent nos réunions de jeunes ?

La politique de l'autruche

Il faut réhabiliter les autruches. Vous avez vu de ces dessins, dans les B.D., représentant un de ces braves oiseaux qui enfouit sa tête dans le sol, pour ne pas voir ce qui pourrait lui faire peur. Ces dessins, pures inventions, sont l'interprétation caricaturale d'une expression que les grandes personnes emploient : « La politique de l'autruche. » Expression qui se moque de cet oiseau parce que, en cas de péril, il se fourre la tête sous l'aile. La « politique de l'autruche » c'est celle de l'homme qui ne veut pas voir le danger. Une abominable calomnie anti-autruche. Car l'autruche agit ainsi, mais elle a diablement raison. Ce gros personnage vit dans le désert, celui du Kalahari par exemple où, quand le thermomètre marque 45°, on trouve qu'il fait bon...

Maintenant, rappelez-vous les routes des vacances, en auto. Quand il fait chaud, on voit, au loin, briller l'air qui forme des plaques luisantes. Les physiciens vous expliqueront que ces brillances sont provoquées par l'air, plus chaud, qui monte du sol, rencontre l'air un peu moins chaud et que l'endroit où ces deux airs se touchent se met à briller. L'important, c'est qu'en regardant bien, vous vous apercevrez que, sous cette plaque brillante, on ne voit rien.

Or, le désert du Kalahari, où il fait tellement chaud, porte partout de ces « brillances ». Elles flottent, là-bas, à un petit mètre du sol et brillent tant que ça vous fait cligner des yeux.

Alors, tout s'explique : notre autruche se promène, superbe, cou dressé à deux mètres cinquante, sur les cailloux de son désert. Elle regarde autour d'elle et, au loin, aperçoit un ennemi : un fauve, une hyène, un homme, une jeep, n'importe quoi de dangereux. Que fait-elle ? Courir ? Bien sûr, elle file à 35 kilomètres à l'heure (70, en course, avec un jockey sur le dos) mais il fait si chaud... Alors elle préfère disparaître sous la brillance. Elle s'accroupit, rentre son cou périscope sous ses ailes et devient invisible. C'est cela, la politique de l'autruche, et l'idiot, c'est celui qui s'en moque.

Leur société est, d'ailleurs, très bien organisée. Les autruches libres vont en bandes, où il y a un mâle, une « première épouse » et cinq ou six autres femelles. Vient le moment des amours : le mâle fait une très jolie cour à ses diverses épouses.

D'abord, il isole l'élue du troupeau, puis, accroupi devant elle, il entrouvre ses ailes pour montrer la belle tache blanche de sa poitrine. Elle le regarde, éblouie. Alors le mâle se remet à picorer et la fille, pour montrer qu'elle est d'accord, picore à côté de lui en reproduisant exactement ses gestes. Si bien qu'en les regardant vous vous frottez les yeux, vous demandant s'il y a là deux autruches ou si c'est vous qui voyez double. La danse d'amour, chez les autruches, cela consiste à exécuter, côte à côte, les mêmes gestes à un millimètre près.

Le mariage s'ensuit bientôt. Reste à pondre. Là encore, l'esprit d'organisation des autruches se manifeste brillamment. Ces dames pondent toutes à peu près en même temps. Vont-elles faire chacune leur nid, une simple dépression qu'elles obtiennent en grattant le sol ? C'est fatigant et puis les jeunes autruches, ces inexpérimentées, sauront-elles mettre le nid là où il faut, bien caché sous une touffe d'herbes ? Sauront-elles s'occuper de leurs œufs ?

Tout est prévu : on fera un seul nid où chacune viendra pondre à son tour. Un nid judicieusement installé car c'est la première épouse, autruche pleine d'expérience, qui le creuse.

Les pondeuses n'auront pas à s'occuper des œufs. C'est encore la première épouse, et le mâle, qui s'en chargent. Ils restent au-dessus du nid, ailes ouvertes, pendant toute la journée pour le protéger du soleil qui ferait cuire les œufs, et, la nuit, ils les couvent. Ainsi, tout le monde peut vaquer à ses affaires, manger, se reposer. Avouez que se moquer des autruches est ridicule...

L'éducation des éterlous

Avec un peu de chance, vous avez pu voir, ombres chinoises en haut de la crête, des chamois défiler sur les Alpes, ou les découvrir s'enfuyant par des à-pics qu'on ose à peine regarder. Et surtout vous avez vu assez de photos de chamois pour connaître la fierté de ces petits diables de la montagne. Tout bébés, on les appelle « éterlous », les petites chamoises « éterles », et je vais vous raconter comment se fait l'éducation des éterlous et des éterles.

L'éterlou naît en mai, sur une corniche étroite, suspendue au-dessus du vide, où la chèvre s'est installée. Pourquoi là ? A cause du renard, qui n'y viendra pas. L'enfant chamois va rester trois semaines sur ce balcon, sa mère venant tout le temps lui donner à téter, le gardant.

Car il y a des dangers, déjà. L'aigle n'est pas capable d'emporter un éterlou dans ses serres, mais peut parfaitement l'attaquer avec ses ailes, l'affoler, le forcer à s'approcher du précipice et là, d'un formidable coup d'aile, envoyer l'éterlou se fracasser en bas. Il faut avoir vu, dans ces cas-là, le petit se cacher, tremblant, entre les pattes de sa mère qui fait tête devant les attaques du grand oiseau.

Tout ce que le petit éterlou sait, dans ces premières semaines, c'est attendre sans bouger, couché sur les herbes de sa corniche, téter, et comprendre les bêlements de sa mère.

Maintenant, il tient sur ses pattes. Elle l'amène au troupeau où il va rester tout près d'elle pendant un certain temps. On suivra la bande qui passe la nuit tout en haut, près des glaciers, broute un peu au lever du soleil, se repose, descend, broute encore vers dix heures du matin, pour se retrouver, au moment de la grande sieste de midi, un peu au-dessus des forêts, et remonte, toujours broutant, jusqu'au soir.

Il a appris à venir lécher les grandes traînées blanches qui ont un si bon goût de sel, et surtout à rejoindre sa mère dès qu'il l'entend bêler. Ce qu'elle fait très souvent car les chèvres sont toujours inquiètes. S'il pleut ou s'il y a de l'orage, il se met sous elle, qui reste immobile au pied d'un arbre ou sous un surplomb des à-pics.

Et puis, peu à peu, goûtant les herbes au parfum si fort que même les hommes le sentent, il s'est sevré presque seul, et, obéissant toujours aux bêlements-appels de sa mère, il a rejoint les autres éterlous, nés en même temps que lui.

Ç'a été le moment des folles parties entre jeunes, des bonds prodigieux de rocher en rocher, l'Arc, le Drac ou l'Isère coulant à mille mètres au pied des à-pics verticaux. Il jouait comme tous les enfants, sans s'occuper des grands chamois qui restent si longtemps, couchés tête haute comme des statues, sur les rochers au soleil, sans rien savoir des dangers de la montagne, des avalanches qui peuvent dégringoler, du renard qui se faufile dans les buissons, de l'homme et de ses chiens qui font tant de bruit cependant. Une seule sécurité : l'appel de la chèvre, qu'il reconnaissait immédiatement et le faisait bondir vers elle où quelques coups de langue sur l'échine, un flairement du museau le récompensaient de sa docilité.

Juin, juillet, août, ont passé ainsi. L'automne est arrivé, la neige. On est monté moins haut, mais on restait toujours au-dessus de la bordure des forêts, sauf s'il pleuvait beaucoup : il y a toujours, dans les combes, les vallons abrités, des endroits où l'on peut brouter.

Mais voici novembre et tout est devenu fureur dans la bande. Les grands chamois se battaient, c'était le moment des amours où chacun voulait être plus fort que les autres. Des batailles vraiment terrifiantes, mâles soufflant à pleins naseaux, chargeant tête basse, petites cornes crochant les flancs de l'adversaire, poursuites échevelées dans la neige sur des pentes à soixante degrés. La folie...

Suivez, dans vos jumelles, ce qui se passe là-haut, à ce moment. Vous verrez, en regardant longtemps, une queue leu leu d'éterlous qui s'en va vers la haute montagne, par des sentiers vertigineux, et disparaît.

A leur tête, une vieille chèvre. De quoi s'agit-il ?

Les bergers de la montagne vous diront « qu'il ne fallait pas que les petits voient ça, et qu'alors une vieille chèvre les a emmenés au loin ». Ce qui est vrai, d'ailleurs : la bande de jeunes et son guide disparaîtront par des cols inconnus, s'enfonceront dans le massif et passeront trois semaines dans des vallons que seuls les alpinistes chevronnés connaissent, avec les gens du Secours en montagne qui vont récupérer les touristes perdus.

Mais pourquoi y vont-ils ? Je pense, d'abord, que les petits se sont sentis soudain très seuls. La mère chèvre ne s'occupait plus de son éterlou ou de son éterle. Après tout, ces batailles de mâles la concernaient puisqu'elle finirait par rencontrer le vainqueur...

Seuls, ces jeunes se sont rapprochés les uns des autres. Leur bande est devenue cohérente, ordonnée. On a pensé à autre chose qu'à jouer et se poursuivre, d'autant plus que l'herbe commençait à se faire rare.

Et puis, une vieille chèvre bréhaigne (ça veut dire que, trop âgée, elle ne peut plus avoir d'éterlous) a senti le vieil instinct maternel jouer en elle. Il y a des gens comme ça partout, qui ne peuvent pas voir des enfants sans avoir envie de s'occuper d'eux. Là, pour une fois, elle leur rendait service, en les emmenant à travers la montagne.

Ça valait mieux que de rester dans cette bande de grands chamois en fureur où on peut toujours prendre un mauvais coup, se faire renverser par un mâle qui fonce comme un boulet. Pourquoi est-elle allée vers les sommets ? Parce que, vieille, toutes ces histoires de combats amoureux ne la regardaient plus. Elle s'est éloignée comme votre chat vous tourne le dos quand vous faites quelque chose qui lui déplaît. Pour l'ignorer. Mêlez ces deux sentiments, ajoutez-y l'inquiétude des éterlous et des éterles dont personne ne s'occupe plus, vous aurez à peu près compris pourquoi ils s'en vont à la queue leu leu derrière la chèvre bréhaigne.

Là, on perd la trace de la troupe. Il faudrait, pour la suivre, survoler l'enchevêtrement des ravins et des chaînes en frôlant les sommets. En novembre, c'est impossible à cause du vent qui rage et plaque un avion aux rochers comme si c'était une plume. Ils disparaissent. La vieille chèvre connaissait, je pense, des vallons ou des combes où trouver encore de l'herbe sans neige.

Ils reviendront en décembre. Mais tout est changé en eux. Les éterlous ne sont plus les petits fous de l'été. Ils savent tout ce qu'un chamois doit savoir.

Guetter les sommets pour voir si, là-haut, la neige ne craque pas. Deviner, sous leurs sabots, l'infime mouvement qui annonce une avalanche. Qu'il ne faut pas déranger un grand chamois couché, qu'il faut se coller aux rochers quand on voit passer l'aigle. Comment on gratte la neige avec ses sabots pour trouver l'herbe. Quels coins du vallon sont protégés du vent. Quelles odeurs annoncent un danger. Bref à peu près toute la « culture » qu'un chamois doit avoir, s'il veut se débrouiller dans la vie.

Ils ont aussi fixé les « rangs » entre eux. Cela avait commencé pendant leurs bagarres d'enfants, dans les rochers de l'été, mais l'essentiel n'est pas d'être plus fort que l'autre. Il faut aussi être plus intelligent. Intelligent chamois, c'est-à-dire chamois qui sait ce qu'il faut faire dans tel ou tel cas de la vie chamois. S'ils ont vu l'un d'entre eux, éterlou ou éterle, peu importe, se débrouiller mieux que les autres pour se mettre à l'abri de la tempête ou découvrir une plaque d'herbe là où on ne voyait que de la neige, ils le — ou la — suivront. Ce copain-là, ou cette copine, prendra de l'influence. Non que les chamois aient des chefs de bande : ils vivent en démocratie silencieuse. Mais certains, peu à peu, font les premiers ce que les autres feront ensuite. Savent-ils leur importance ? En tout cas, ils lèvent plus souvent la tête quand ils broutent, et, lorsqu'ils soufflent des naseaux, ce qui est le cri d'alarme, cela met toute la troupe en alerte.

Ce qu'il leur reste à apprendre ? A traduire les coups de sifflets de la marmotte, à se méfier de l'homme seul, de celui qu'un chien accompagne, alors que le berger et ses moutons sont sans danger. Mais ils savent déjà se défiler derrière les rochers pour devenir invisibles (pourtant, ils calculent mal leur hauteur et on voit quelquefois de petites cornes noires passer au-dessus des barrières rocheuses) et s'immobiliser en cas de danger. Ils reviennent à la troupe.

Ils vont maintenant apprendre la misère. Car l'hiver est dur aux chamois. Ils ont quitté la hauteur, et se réfugient en forêt. Vous trouverez alors, mêlés, les chamois « rupestres » plus fins, plus légers, qui vivent tout en haut l'été, et ceux des bois, plus gros.

Ils vivent comme ils peuvent. De moins en moins de choses à manger. La neige est de plus en plus épaisse. On broute les bouts de branche, on ronge les troncs. Ça nourrit à peine mais ça tient l'estomac. Ils vont se rapprocher des maisons. Si, par chance, on a mis du foin, pour eux, dans certains coins de la forêt, ils prendront l'habitude d'y aller.

Prudemment, les chamois d'expérience les premiers.

A la fin de l'hiver, ils auront tellement faim que certains oublieront toute prudence, pour manger. C'est à ce moment qu'on peut attraper un éterlou ou une éterle, l'apprivoiser. Mais il faut toujours le relâcher au printemps, sinon il serait malheureux et surtout, imprégné de l'odeur des hommes, les autres le chasseraient, quand il voudrait les rejoindre.

Et puis la neige fondra, les ruisseaux recommenceront à couler, on trouvera de l'herbe fraîche et la vie recommencera. Les éterlous de l'année dernière, maintenant intégrés dans la troupe, sont des chamois à part entière.

L'important, c'est qu'ils se sont éduqués eux-mêmes, pendant les quelques semaines où ils étaient seuls, là-haut, à apprendre comment on se débrouille. Je me demande si ça se passe tout à fait autrement, chez nous...

Comment naissent les petites baleines

Si vous voulez voir naître une petite baleine de l'espèce qu'on trouve tout au nord de l'océan Pacifique, près de la banquise arctique, allez en Californie mexicaine. Les baleineaux voient le jour dans des « lagons ». Ce sont des golfes presque fermés. Ils ne communiquent avec la mer que par un goulot étroit. Leur eau, peu profonde, est presque tiède à cause du soleil mexicain. Les troupes de baleines, chaque année, mâle en tête, femelles le suivant, vont ainsi de la banlieue du Pôle Nord aux Tropiques, en longeant à peu près la côte américaine où l'on se rassemble pour les voir passer.

Pourquoi cet interminable voyage ? Pour que le baleineau ne prenne pas froid. Il est tout petit : 700 kilos à peine. Il n'a pas le manteau de graisse qui protège les grosses baleines dans l'eau polaire, (et fait leur perte, puisque c'est pour cette graisse qu'on les chasse).

Voilà donc la future mère arrivée au lagon où son baleineau vivra ses premiers jours. L'accouchement s'effectue sans histoire mais, toujours, une sage-femme, une « sage-baleine » si vous préférez, reste tout près. Pourquoi ?

Parce que le petit ne sait pas qu'il est une baleine, c'est-à-dire un mammifère qui respire l'air et doit par conséquent nager en sauts-de-mouton, sortir de l'eau de temps en temps pour prendre une goulée d'air, replonger, et ressortir encore quand il aura besoin d'aspirer. Il naît dans l'eau, pourquoi ne pas y rester ? S'il y restait, il mourrait noyé.

Alors, dès qu'il est là, la « sage-baleine » s'approche de la mère, les deux coincent le baleineau entre elles, et font deux ou trois sauts-de-mouton, entrant dans l'eau et ressortant aussitôt. Cela suffit. Le réflexe est créé. Dorénavant le petit nagera en sauts-de-mouton, comme une baleine sérieuse.

Mais il est encore tout fou, ce môme. Si vous êtes dans le lagon, avec votre dinghy, il se précipitera vers vous tout content. Il vous prend peut-être pour un enfant de baleine... Alors sa mère, furieuse, arrivera et à coups d'ailerons, corrigera l'imprudent.

C'est drôle à voir de la côte, moins si on est dans le dinghy car une baleine pas contente fait des vagues et vous dansez terriblement...

Le baleineau passera là le temps qu'il faut, et puis tout le monde repartira vers le nord, familles de baleines nageant tranquillement.

Les éléphants et leur grand-mère

Un grand zoologue, nommé Hamilton, se demandait si tout ce qu'on raconte sur les éléphants était vrai. Les siens, ce sont les éléphants d'Afrique. Y a-t-il, par exemple, des cimetières d'éléphants ? Est-il exact que le père éléphant est obéi par toute sa famille ? Sont-ils aussi intelligents qu'on le dit ? En un mot, comment vivent ces grosses bêtes qu'on accuse d'être impossibles à apprivoiser tandis que leurs cousins d'Asie deviennent de merveilleux animaux domestiques ?

Il y a d'ailleurs quelque chose qui ne marche pas, entre ces deux familles d'éléphants, malgré leurs toutes petites différences : l'africain a les oreilles plus grandes que l'asiatique, deux doigts au bout de la trompe au lieu d'un seul, il préfère les feuillages des arbres à l'herbe que l'autre ramasse avec sa trompe et fourre dans sa bouche.

Ce sont des nuances, mais elles suffisent aux éléphants pour se reconnaître entre eux, africains ou asiatiques, et les empêcher de se marier. Pourquoi ? On le saura un jour. Peut-être parce que les préliminaires du mariage ne sont pas les mêmes, en Asie et en Afrique.

On a d'ailleurs dit une grosse bêtise, pendant des siècles, sur l'éléphant d'Afrique : il serait indomptable... Or c'était faux, forcément : Annibal, quand il a flanqué des raclées à l'armée romaine, employait des éléphants de combat. Donc dressés. Le Carthaginois, parti de Tunisie, ne pouvait pas y avoir fait venir ses éléphants d'Asie : comment les aurait-on transportés ? D'ailleurs on sait qu'autrefois il y avait des éléphants en Afrique du Nord. C'est donc qu'à cette époque on savait les dresser. A-t-on perdu les « trucs » ou les éléphants d'Afrique, las de servir aux guerres des hommes, ont-ils refusé le service militaire ? Tout est possible, avec ces bestiaux-là. Les éléphants de l'armée des Indes, quand les Anglais étaient les maîtres là-bas, acceptaient bien de remorquer les canons jusqu'à l'endroit où pouvaient tomber les obus ou les balles de l'ennemi et là, ils s'arrêtaient, laissant leur artillerie aux bœufs qui la tiraient dans la zone dangereuse...

On s'était posé la question de l'apprivoisement il y a une vingtaine d'années. Mais comment dresser un éléphant de quatre tonnes, un rien irritable, s'il ne veut pas ?

On a fait venir des éléphants d'Asie, bien dressés, on leur a confié de jeunes éléphants d'Afrique moins puissants qu'eux, et les grands ont dressé les petits en les battant s'ils n'obéissaient pas. C'est ainsi, d'ailleurs, que les « mahouts » d'Asie dressent leurs éléphants qu'on va attraper, jeunes, dans la jungle et qu'on éduque ensuite. Cela coûte moins cher que de les élever dès leur naissance, à cause de la formidable quantité d'herbe que mange un éléphant chaque jour et du nombre d'années qu'il faut attendre pour qu'il puisse travailler utilement. En tout cas, la preuve était faite, l'éléphant d'Afrique est dressable.

Mais comment vit-il ? Jusqu'à ces dernières années on n'en savait rien. On tirait sur l'éléphant avec un fusil si on était Européen ou braconnier d'ivoire, avec des flèches empoisonnées si on était Pygmée de la forêt congolaise et nos rapports s'arrêtaient là. Les planteurs détestaient les éléphants parce qu'ils venaient ravager leurs plantations.

Bref on était plutôt en mauvais termes avec ces honorables proboscidiens qui nous le rendaient bien : pendant des années, tous les Européens vivant en Afrique ont raconté des histoires de gens piétinés par les éléphants. Des histoires souvent vraies d'ailleurs.

Car, jusqu'au moment où les États d'Afrique sont devenus indépendants, le colonisateur blanc défendait aux Noirs de tuer ces bêtes. Par amour pour l'éléphant ? Pas du tout : pour le réserver à nos chasses, aux safaris des gens riches, et pour nous réserver le commerce de l'ivoire de ses défenses qui se vend très cher.

Là-dessus, après la dernière guerre, les États d'Afrique deviennent indépendants. Plus de garde-chasse blanc à interdire qu'on tire sur l'éléphant et, (cela arrive nécessairement quand un État devient indépendant et que son administration s'installe) un peu de désordre. Comme l'ivoire se vendait de plus en plus cher, et que les éléphants continuaient de saccager les plantations, on s'est mis à tirer tant et plus sur les éléphants d'Afrique, dans tous les pays qui, comme on dit, accédaient à l'indépendance.

Pas partout cependant : au Kenya, les éléphants étaient toujours aussi sérieusement protégés qu'avant. Pour une raison très simple : la principale richesse du Kenya, ce sont ses parcs, ses réserves, qui attirent des centaines de milliers de touristes chaque année. Des touristes qui ont plein d'argent et le dépensent. Alors le Kenya, presque seul en Afrique, continuait de défendre qu'on tire sur ses éléphants.

Et un phénomène effarant s'est produit : du Congo, de la République centrafricaine, de partout, les éléphants ont quitté leur pays, où on leur tirait dessus, pour aller au Kenya ! On les voyait sortir de la forêt, par groupes de deux, trois, rejoindre d'autres troupes, former des bandes de dix, vingt, trente, et s'en aller, tranquilles comme Baptiste, vers le Kenya. Lentement, en s'arrêtant pour manger les branches d'acacias, se baigner dans les fleuves ou les marigots, s'empoussiérer, réfléchir, entourer les éléphantes en train de mettre bas pour que personne ne les dérange. Paisiblement, en éléphants qui savent où ils vont. Finalement, ils arrivaient au Kenya où, enfin, ils seraient tranquilles.

Qui leur avait dit qu'au Kenya on ne leur tirerait pas dessus et comment connaissaient-ils la route ? On ne l'a pas encore compris mais il y avait de quoi faire réfléchir les zoologues. C'est ce qu'a fait Hamilton qui, un beau jour, débarqua au Kenya, près d'un lac où il y avait un tas d'éléphants : il venait les regarder vivre.

Ou, plus exactement, vivre avec eux, pour voir ce

qu'ils font, sans les déranger, sans intervenir. Car l'éléphant que vous voyez dans son enclos d'un zoo n'est plus un véritable éléphant, psychologiquement parlant : c'est un éléphant prisonnier qui se débrouille comme il peut dans sa prison, mais il n'a pas les gestes de son congénère sauvage.

Cette façon d'étudier les bêtes est la seule efficace, quand on veut savoir comment elles se comportent vraiment. Avec des éléphants sauvages, elle présente plus d'inconvénients que si on étudie les lapins. Hamilton l'a appris à ses dépens : trois mois d'hôpital pour avoir été piétiné. Par un hippopotame, il est vrai. Mais Hamilton raconte comment un éléphant mécontent a mis en bouillie un touriste imprudent...

Bref, au bout de plusieurs années, Hamilton arrive à se faire accepter par la plupart des éléphants de la réserve où il travaillait, et découvre des choses étonnantes.

D'abord, un peu de leur langage. L'éléphant d'Afrique, quand il est en colère, agite ses oreilles. Quand il les serre contre ses tempes, c'est qu'il a peur. Quand il veut vous impressionner, il essaie de paraître encore plus gros qu'il n'est, en mettant ses pieds de devant sur une souche, par exemple, et en se dressant de toute sa hauteur. Quand il veut dire bonjour à un autre éléphant, il lui touche la commissure des lèvres du bout de sa trompe, avec les deux doigts qui sont là et, quand un éléphant veut rassurer un autre éléphant, il fait le même geste.

Mais ce n'est pas toujours facile, de toucher le coin des lèvres d'un ami avec sa trompe, surtout si on est un petit éléphanteau de rien du tout et que l'autre est un grand bonhomme de cinq tonnes. Hamilton a vu une très jolie scène : un grand-père éléphant, immense, était venu rendre visite à la troupe où ses enfants et ses petits-enfants trottinaient à côté de leur mère. Tous sont arrivés pour lui dire bonjour, leur petite trompe en l'air et lui, pour répondre et montrer qu'il les aimait bien, posait le bout de la sienne sur leur tête, comme un vieux grand-oncle met sa main sur celle de ses neveux.

Quand l'éléphant barrit, c'est mauvais signe : colère, ou peur, ou appel grave. Par contre, les formidables borborygmes qu'on entend dans la forêt, produits probablement par l'intestin des éléphants qui mangent leurs feuillages, sont des « bruits de contact », comparables aux cui-cui de beaucoup d'oiseaux, aux caquetages incessants des oies sauvages en vol de migration : ils permettent à chaque éléphant de signaler qu'il est là, de savoir où sont ses camarades.

Mais la grande découverte de Hamilton, c'est que les sociétés d'éléphants sont matriarcales. C'est la mère qui les dirige, la grand-mère plutôt et souvent l'arrière-grand-mère à qui ses filles et petites-filles obéissent absolument. Si bien que la troupe est composée d'une mère, de ses descendantes féminines, toutes seules si elles sont jeunes, suivies de leurs éléphanteaux quand elles en ont. La jeune éléphante qui a suivi sa mère restera dans la bande, avec son petit quand elle en aura, mais le jeune éléphant d'Afrique, sitôt qu'il est en âge de se marier, quitte la famille et s'en va rejoindre les autres mâles qui, eux, se tiennent autour de la troupe femelles/petits, vivent assez isolément et n'ont le droit d'entrer dans le groupe (pour faire, par exemple, la cour à une jeune fille qui leur plaît) que si la grand-mère souveraine le leur permet.

Hamilton s'est donné beaucoup de mal pour découvrir cela. Il fallait notamment qu'il puisse identifier ses éléphants, savoir que celui-ci était Jean et celui-là Paul, et celle-là, là-bas, Cyprienne ou Adolphine. Comment, sans cela, pouvoir réfléchir sur ce que faisait chacun ?

Il a trouvé un moyen astucieux : les oreilles des éléphants d'Afrique, immenses et battantes parce qu'il y a des mouches très piquantes, sont constamment déchirées par les épines ou les buissons. Elles ont souvent de gros trous, souvenirs d'une bataille avec un autre éléphant dont la défense les a percées. Hamilton a photographié tous les éléphants qu'il suivait et, finalement, il a pu savoir « qui était qui » grâce à ces trous, à ces déchirures des oreilles qui ne sont jamais les mêmes.

Second problème : quel âge avait tel éléphant ? Il le savait pour les éléphanteaux qu'il avait vus naître ou arriver, tout petits, quand leur mère les amenait à la bande. Mais pour les vieux grands éléphants ? Il a eu une idée qui vaut l'œuf de Christophe Colomb : puisqu'un éléphant, presque jusqu'à sa vieillesse, grandit régulièrement chaque année, il suffisait de les mesurer tous. Mais allez mesurer un éléphant sauvage ! C'est là qu'Hamilton a eu son trait de génie.

Il rencontre un éléphant qui le regarde un moment et s'en va. Il le photographie. Immédiatement, sitôt l'autre parti, Hamilton envoie, à la place exacte que l'animal occupait, un assistant qui tient, droite, une longue perche étalonnée de centimètre en centimètre. Il le photographie et ensuite il superpose les deux photos. Comme cela, il connaît exactement la hauteur de son éléphant donc, à peu près, son âge.

Mais notre Hamilton a fait une découverte plus intéressante encore : pourquoi, se demandait-il, y a-t-il des familles où les éléphants sont dangereux, vous chargent et vous piétinent, et d'autres où ils font seulement semblant, chargent effectivement et s'arrêtent à deux mètres ?

C'est une question de grand-mère...

Si la grand-mère, pour une raison ou une autre, déteste les hommes, alors ses filles, ses petites-filles et leurs enfants, mâles ou femelles, vous chargeront et vous réduiront en poussière. Mais si au contraire cette vieille dame n'a rien contre notre espèce, ses descendantes et ses descendants feront semblant de vouloir vous exterminer et bloqueront leur charge au dernier moment. C'est utile, si on rencontre un éléphant qu'on ne connaît pas : il suffit de savoir qui est sa grand-mère.

Il a fait bien d'autres remarques curieuses. Sur la trompe de ses éléphants, par exemple, aussi importante pour eux que notre main pour nous. Quand il veut boire, l'éléphant remplit la moitié de cette trompe avec l'eau qu'il aspire, qu'ensuite il souffle dans sa bouche. Ce geste, il doit l'apprendre et cela pose un problème aux éléphanteaux qui, d'abord, ont tété leur mère avec leur bouche, sans s'occuper de leur petite trompe. Mais un beau jour l'éléphanteau a soif. Il arrive à un point d'eau, essaie de boire avec sa bouche. Pas moyen... C'est en regardant sa mère, qu'il ne quitte pas d'une semelle, qu'après bien des essais il comprendra le truc, qu'on emploie aussi pour s'empoussiérer, quand on veut se débarrasser des moustiques et de leurs démangeaisons.

Les rapports entre l'éléphant et les autres bêtes qu'il rencontre sont compliqués. En principe, il n'a peur de rien, dès qu'il a atteint une certaine taille. Mais si, dans un enclos où il y a d'énormes éléphants, vous faites entrer un hérisson, ils s'enfuiront, absolument épouvantés.

Crainte stupide, due à la captivité ? Pas du tout. Hamilton a vu, et photographié, un petit oiseau noir et blanc qui, quand un gros père éléphant a voulu passer à l'endroit où, lui oiseau, avait décidé qu'il était chez lui, s'est mis à battre des ailes de façon si décidée, et crier tant de choses désagréables, que le gros père éléphant s'en est allé sans insister.

Respect de la propriété d'autrui ? C'est possible, l'histoire avec la demoiselle hippo vous a montré que les éléphants connaissent ce sentiment.

Peut-être aussi peur de quelque chose qu'on n'a jamais vu encore, ou souci de ne pas avoir d'ennuis...

Par contre, Hamilton a prouvé que les prétendus cimetières d'éléphants ne sont que des légendes. Chacun meurt où il peut, en se cachant des autres, comme toutes les bêtes. Elles ne savent pas ce que c'est que la mort, certes, donc elles ne savent pas qu'elles vont mourir. Simplement, elles se sentent de plus en plus faibles, donc de plus en plus faciles à attaquer, et elles se cachent pour mourir.

Mais l'éléphant a, devant un éléphant mort, une conduite peu compréhensible. D'abord, si l'autre est complet encore, il ne comprend pas qu'il soit mort et, si c'est son petit, ou un ami, essaie de le relever. Plus tard, quand il ne reste plus que le squelette, l'éléphant qui passe ramasse ces os et les transporte sur ses défenses pendant un grand moment. Plus tard encore, quand il ne reste rien du tout, l'éléphant qui traverse l'endroit où un de ses congénères est mort montre une agitation surprenante. Pourquoi cela ? Vous le comprendrez peut-être si, suivant les traces de Hamilton, vous allez étudier les éléphants du Kenya.

Où vous tomberez d'ailleurs en plein drame.

Parce que, je vous l'ai raconté, les éléphants des autres pays d'Afrique sont venus s'y réfugier, et parce qu'on ne les chasse pas, les éléphants sont de plus en plus nombreux, dans les réserves du Kenya. Trop nombreux, sans doute, pour ce qu'ils y trouvent à manger. D'autre part, ils mangent des feuillages d'acacia qu'en principe ils cueillent avec leur trompe, cassant les branchettes et fourrant la brassée dans leur bouche.

Est-ce à cause de leur nombre, de leur trop importante « densité au kilomètre carré » comme on dit, ou pour une autre raison ? Les éléphants d'Afrique ont pris, là-bas, une habitude redoutable : au lieu de cueillir leurs brassées de branches d'acacia, ils se sont mis à appuyer leur gros front contre le tronc et à renverser l'arbre. Après quoi ils se servent. Quand l'arbre résiste, d'autres éléphants viennent et, s'y mettant à deux ou trois, le déracinent.

Façon de faire intéressante : elle prouve que les éléphants savent s'entraider. On le supposait d'ailleurs : quand, dans une bande en promenade, l'un d'entre eux, malade ou blessé, titube, les autres l'encadrent et le soutiennent. Mais cette habitude a des conséquences graves : renversé, déraciné, l'acacia crève. Donc il ne porte plus de branches enfeuillées. Des forêts entières ont été détruites ainsi et la nourriture des éléphants d'Afrique s'en trouve réduite d'autant. C'est-à-dire — car leurs destructions sont de plus en plus importantes — qu'ils risquent très vite de crever de faim...

Que faire ? C'est notre faute, après tout. Si nous avions laissé les éléphants occuper toute une partie de l'Afrique, comme autrefois, cela ne serait peut-être pas arrivé : si ces arrachages se produisaient à tel endroit, il y aurait eu d'autres acacias un peu plus loin. Mais là, dans ce Kenya immense, certes, mais tout de même limité ?

Les zoologues hésitent entre deux solutions. Les uns, disant qu'il suffit de réduire le nombre d'éléphants pour sauver ceux qui restent de la famine, les tirent à la mitrailleuse, exterminant des bandes entières, pour le salut de l'espèce. Les autres pensent qu'il suffit de laisser jouer la nature, calculent combien de temps il faut à une graine d'acacia pour devenir un arbre porteur de branches bonnes à manger, et préfèrent laisser faire ; il y aura de moins en moins d'acacias pendant un certain temps, les éléphants de ce coin-là crèveront de faim mais pas tous et, quand les acacias auront repoussé, une sorte d'équilibre s'établira entre les éléphants et eux.

Laisser crever de famine ou massacrer ? C'est atroce... Il y aurait bien une autre solution : réduire les cultures des hommes. Les champs retourneront en jachère et se mettront à porter des acacias qui, en Afrique, poussent comme de la mauvaise herbe... On rendrait ainsi aux éléphants des territoires assez grands pour qu'ils puissent tous se multiplier et survivre.

C'est très joli à dire. Mais allez expliquer aux Africains qu'il ne faut plus cultiver leur terres pour que Messieurs les Éléphants se sentent plus à l'aise ? Ils vous demanderont si vous êtes devenu fou, diront que leurs cultures servent à les nourrir et qu'entre la mort d'un éléphant et la leur, ils préfèrent celle de l'autre. Après tout, nous avons bien exterminé nos loups parce qu'ils mangeaient nos moutons...

Ce qui prouve que l'étude des comportements animaux finit par faire surgir, parfois, des problèmes insolubles...

L'intelligence du chimpanzé

Le singe est-il intelligent ? Gros problème qu'on se pose depuis très longtemps. Notez qu'en Afrique, une légende affirmait que le singe était un homme tout malin qui s'était mis singe pour ne pas travailler.

Nos savants se sont beaucoup posé la même question. Ils se demandaient si le singe pouvait avoir, ou acquérir en s'y prenant bien, une intelligence comparable à la nôtre. (Comme si nous étions les gens les plus intelligents de la terre ce qui, à mon avis, n'est pas certain. Passons...)

Bref, pour savoir si les singes étaient intelligents, les savants ont pris des chimpanzés, les plus intelligents de tous les singes apparemment, et ont essayé de leur apprendre à parler.

Pourquoi ? Parce que ces savants pensent que notre cerveau a commencé à fonctionner quand nous avons transformé nos grognements en mots, mis des mots au bout les uns des autres, fait des phrases et pensé. Pourquoi les chimpanzés n'en feraient-ils pas autant ? Il suffisait de leur apprendre à parler.

L'échec a été total. Les pauvres chimpanzés mettaient des années à retenir trois ou quatre mots qu'ils prononçaient comme des perroquets. Ils savaient ce qu'il faut dire (et encore !) dans telle ou telle circonstance, mais ils ne savaient pas ce qu'ils disaient.

C'est alors que Jane Goodall est arrivée. Jane Goodall, c'est un grand homme. Une ravissante Anglaise blonde et rose, timide comme on ne l'est pas et qui, toute rougissante, avait passé des examens de zoologie au point qu'on lui avait donné une bourse pour aller au Serengeti — c'est un parc du Kenya — pour étudier les chimpanzés qui vivent très nombreux, dans les forêts.

D'abord, c'est très mal parti. Jane allait gentiment dans les bois à chimpanzés, ils la fuyaient. Ensuite, ç'a été pire. Habitués à la voir passer sous leurs arbres, les chimpanzés l'ont attaquée.

C'est ainsi qu'un jour la pauvre Jane, poursuivie par deux gros chimpanzés, s'est mise à courir, s'est pris un pied dans une racine, et qu'elle s'est retrouvée par terre, allongée tout de son long, les bras en avant.

Merveille ! Les chimpanzés se sont calmés. Elle avait dû, par hasard, en tombant ainsi, se trouver dans « l'attitude de soumission » celle qui empêche les chimpanzés d'attaquer celui qui prend cette attitude. A partir de ce jour, les chimpanzés ont accepté Jane, d'autant plus facilement qu'elle leur donnait des bananes.

Et Jane a commencé à vivre parmi les chimpanzés. Elle les regardait sans les déranger, notait tout ce qu'ils faisaient, et quand et comment et pourquoi, envoyait à son Université des rapports époustouflants. Cette jeune fille était devenue la première chimpanzologue du monde.

Alors Jane a demandé qu'on lui envoie un photographe. On le lui a expédié, ils sont allés dans les bois à chimpanzés, photographe photographiant, Jane observant et notant, si bien qu'elle a épousé son photographe et qu'ils ont eu un bébé, un petit garçon qui, le veinard, a été élevé parmi les chimpanzés. Aujourd'hui, Jane et son mari qui est devenu aussi calé qu'elle, ont fondé là-bas un véritable institut d'études du chimpanzé. Tout ce que nous savons sur ces gens-là a été découvert par eux, ou à peu près.

Mais, parmi les extraordinaires remarques que Jane avait envoyées dans ses rapports, il y en avait une, surprenante : les chimpanzés crient, c'est vrai, mais entre eux ils s'expriment surtout par gestes.

Vous voulez des exemples ? La société chimpanzé, très hiérarchisée, comprend des singes de premier rang, de second, de troisième rang, etc. Ça évite les disputes. Quand un chimpanzé de troisième rang et un du quatrième, trouvent une banane, c'est le chimpanzé supérieur qui la mangera, par exemple.

Comment fixent-ils leurs rangs ? Sans se battre, comme le font les loups ou les poussins. En s'épatant les uns les autres, par leurs attitudes.

D'où le rite de la « ruée » que Jane Goodall a

découvert. Voilà comment cela se passe. Un groupe de chimpanzés de haut rang est assis, chacun épouillant un autre.

(Ils ne s'épouillent d'ailleurs pas, notez : ils s'enlèvent mutuellement les petites peaux mortes qui, sous leurs poils, se dessèchent, et ils se démêlent réciproquement ces poils qui parfois finissent par se coller. C'est un service qu'on se rend entre chimpanzés et ce service a son sens : le chimpanzé qui en épouille un autre, et celui qui se laisse épouiller gentiment s'expriment, par ce geste, qu'ils sont amis, qu'ils se considèrent mutuellement comme des chimpanzés à part entière. C'est pour cela que la bande de chimpanzés dont je vous parle se livrait à cette innocente occupation.)

Mais voilà qu'un des chimpanzés, de quatrième rang par exemple, a envie de passer à la classe supérieure. De devenir chimpanzé de troisième classe. Que va-t-il faire, puisque, chez eux, la bagarre n'existe pas ?

Il va essayer de faire peur aux autres. Vous le verrez s'écarter, ramasser une grosse branche et foncer sur la bande en poussant des cris épouvantables, faisant tournoyer sa branche d'un air menaçant. Les autres détalent, et le voilà passé chimpanzé de troisième rang. Cela vaut mieux qu'une bataille, et tout s'est fait par gestes : en l'occurrence sa ruée. Comme l'amitié s'exprimait par les gestes de « s'épouiller ».

Voici un troisième cas. Il arrive qu'un chimpanzé de caste inférieure se demande si tel congénère de haut grade l'aime bien. Cela l'inquiète, le tourmente. Il a envie de savoir si l'autre est son ami.

Que fait-il si, par exemple, il trouve l'Important assis ?

Il s'approche, gémit tristement en tendant le bras vers lui. L'Important ne bronche pas, fait comme s'il ne voyait pas ce bras tendu. Le chimpanzé de basse caste se plaint, maintenant. Il tend de plus en plus son grand bras vers le Considérable qui continue de rêvasser sans paraître le voir. C'est au bout d'un grand moment que le Monsieur Chimpanzé s'aperçoit (ou fait comme s'il s'apercevait) de ce bras tendu. Alors il se retourne, et, du bout des doigts, touche ceux de l'autre, du petit, de l'Implorant. C'est ainsi que les chimpanzés ont inventé la poignée de main. Dès que l'autre a touché le bout de ses doigts (geste d'amitié) en réponse à sa main tendue (geste de demande) le chimpanzé de basse caste se précipite dans les bras de l'Important et on s'épouille : geste amical qui rassure le chimpanzé de basse classe.

Toutes ces observations passionnaient les chercheurs qui se demandaient si les chimpanzés pouvaient devenir aussi intelligents que nous, s'ils pouvaient apprendre à s'exprimer, et qui savaient qu'en essayant de leur apprendre à parler, à former des mots avec leur bouche, on n'était arrivé à rien.

Car ces observations de Jane prouvaient qu'entre eux les chimpanzés s'exprimaient surtout par gestes. Après tout, ils n'avaient sans doute pas le gosier et la bouche faits pour parler, comme nous. Peut-être la partie de leur cerveau qui forme les mots ne fonctionnait-elle pas comme la nôtre. L'important, c'est qu'ils arrivaient à se « dire » des tas de choses entre eux en faisant telle ou telle série de gestes.

Or, il y a des hommes et des femmes, se disaient

ces chercheurs, qui ne « disent » pas un mot, mais arrivent parfaitement à se faire comprendre et à comprendre : ce sont les sourds-muets. Depuis qu'on leur a fabriqué des alphabets par gestes, ils communiquent comme tout le monde.

Si on essayait avec des chimpanzés ? Peut-être franchirait-on cette difficulté à former et employer des mots avec leur bouche qui avait fait rater les expériences ?

Ils prennent une jeune chimpanzé nommée Washo, inventent pour elle toute une série de gestes des mains, ayant chacun un sens. D'abord des sens simples : le geste de « bonjour », celui de « s'il vous plaît », celui d' « adieu », etc. Washo les apprend à toute allure. Ils en inventent d'autres, plus compliqués. Elle les apprend plus vite encore. Si bien qu'au bout de quelques mois Washo savait quatre cents « gestes-à-sens » et arrivait à « dire » un tas de choses avec ses mains.

Alors, quelque chose s'est passé. Washo avait un geste pour dire « porte ouverte ». Elle l'a employé pour dire « fenêtre ouverte » et puis « tiroir ouvert ». Elle avait eu l'idée « ouvert ». L'idée générale de quelque chose d'ouvert. Une idée... Elle avait peut-être pensé, puisque nous pensons par idées.

C'était formidable. Un événement sensationnel. Pour la première fois, un chimpanzé avait émis une idée.

Là-dessus Washo s'est mariée. Elle a actuellement un bébé et tout va bien. Mais nos chercheurs, sur leur lancée, ont continué d'apprendre des « gestes-à-sens » à de jeunes chimpanzés, avec, là encore, d'excellents résultats. Non seulement leurs élèves apprenaient ainsi à « dire » une foule de choses avec leurs mains, mais ils semblaient bien, aussi, se mettre à exprimer des idées. A dire des choses qui n'étaient pas visibles, pas concrètes. Des idées, quoi...

Or, pour distraire ces chimpanzés, on leur donnait des crayons de couleur car ces singes aiment beaucoup dessiner. Ils font d'habitude des dessins sans queue ni tête, parfois très beaux mais ne signifiant rien. De la « peinture abstraite » si vous voulez.

Un de ces jeunes chimpanzés faisait ainsi, souvent, des dessins comportant d'innombrables traits multicolores. Un jour, on lui donne ses crayons, son papier et il se met à dessiner. Mais un dessin très simple : deux « V » renversés, pointus, avec entre les deux une sorte de rond. Et il s'arrête. Le chercheur qui le regardait faire lui demande, par gestes, de continuer. Car les chercheurs communiquent de cette façon avec leurs élèves chimpanzés, en employant leur « langage de sourds-muets ».

Le chimpanzé, toujours par gestes, répond : « C'est fini. »

Le chercheur l'interroge par gestes : « Qu'est-ce que c'est ? »

Et l'élève répond, de la même manière : « Un oiseau. »

Pour la première fois depuis qu'il y a des chimpanzés sur terre, l'un d'eux avait voulu dessiner un oiseau, dessiné effectivement quelque chose qui ressemblait à un oiseau (les deux « V » renversés, c'étaient les ailes, la chose ronde, le corps), et dit qu'il avait dessiné un oiseau.

On en est là. Maintenant, si on vous demande

votre opinion sur les singes, et leur chance de devenir intelligents comme des hommes, vous répondrez qu'on ne sait pas encore, mais..., et vous raconterez cette histoire.

Les complications sentimentales des canes

Surveillez les bords d'un étang, en automne, quand les nichées de canetons sont élevées. Vous verrez les canards cols-verts se reposer sur le rivage. Par couples, car ils sont mariés pour la vie, depuis leurs fiançailles.

Cela s'est passé au printemps. D'abord, les mâles ont dansé la danse d'amour, très compliquée, avec de petits plongeons, de l'eau qu'on se renvoie sur le corps, tête couverte de gouttelettes, et une dizaine de figures de ballet. Pendant qu'ils menaient leurs sarabandes, les canes tournaillaient par-là, indifférentes apparemment mais attentives.

L'une d'elles a remarqué un beau danseur, frétillé du croupion. Il l'a rejointe, ils ont nagé côte à côte un grand moment et plouf ! ils ont plongé ensemble. Au fond de l'étang, ils ont trouvé une grande herbe aquatique qui traînait. Chacun l'a prise par un bout, avec son bec, et ils sont remontés. Ensuite, ils ont défilé au milieu des autres canards, mâle et femelle tenant chacun soigneusement, du bec, son bout d'herbe. Ils étaient fiancés.

Dorénavant, ils ne se quitteront plus. Les nids seront faits bien plus tard et les accouplements après. L'important, c'était cette cérémonie des fiançailles, ce défilé herbe au bec où ils avaient l'air un peu idiot de deux mariés se donnant le bras, qui passent gravement entre les haies de parents et d'amis pendant que l'orgue joue la *Marche nuptiale* de Mendelssohn. Ce rite a suffi pour que les autres canards s'interdisent de faire leur cour à la fille, et pour que le fiancé n'ait pas le droit de courtiser les autres canes.

Nos canards domestiques ont deux épouses ? C'est vrai, hélas, et ça prouve les méfaits de la civilisation.

L'été est passé, les canetons sont partis, voici notre couple tout seul. Regardez bien. Lui, debout, observe vaguement l'étang. Elle, couchée, somnole, tête en arrière, sur le dos. Tout est calme.

Mais qu'arrive-t-il à la cane ? Elle se lève, s'approche du canard son mari, passe son cou, en biais, par-dessus les épaules du mâle et se met à faire des « coin-coin » furieux, tête tournée vers l'avant, vers la gauche du canard. Bizarre... Et voilà que lui, tout à coup, se glisse sous le cou de sa compagne, et part à toutes pattes, cou tendu, bec entrouvert, de l'air d'un canard qui va attaquer un tigre. Il fonce à toute allure. Vers le vide, notez bien. Et il s'arrête, se retourne, se dresse sur ses pattes, agite toutes grandes ses ailes deux ou trois fois, et revient tranquillement à sa place, pendant que la cane se recouche, rassérénée.

Personne ne comprenait rien à cette cérémonie

quand Lorenz, qui parle canard comme on parle anglais ou allemand, l'a expliquée. Les « coin-coin » terribles que poussait la cane étaient ceux qu'elle lance quand un autre canard, un impudent, un mal élevé, osait lui faire la cour malgré ses fiançailles et son mariage notoire. Ils signifiaient : « Débarrasse-moi de ce canard, là-bas qui m'importune ! » Et le mâle, en les entendant, a fait ce que doit faire un bon mari : il a chassé l'impudent. Après quoi il est revenu, battant des ailes. Les zoologues appellent « incitation » l'acte de la cane quand elle lance ses « coin-coin » et « triomphe » le retour du canard battant des ailes.

Il n'y avait pas le moindre canard à l'endroit que désignaient les « coin-coin » d'incitation ? Aucune importance : la cane voulait s'assurer que son mari l'aimait encore ou, peut-être doutait-elle de sa féminité, de son charme ? Et lui, fonçant, mettant en déroute un ennemi imaginaire et revenant tout triomphant, lui répondait : — Voilà ce que j'aurais fait, ma chère, si quelque abominable canard avait osé vous manquer de respect.

Car on a de la tenue, chez les canards...

Les reb-reb des canards

On n'en a jamais fini, avec les canards. Voici une scène qui se déroule chaque année, au moment de leurs amours.

Décor : un étang. Sur cet étang, des cols-verts nagent ici et là. Deux mâles se rencontrent, au moment où, pas loin, passe une jolie cane qui plairait bien à l'un et l'autre. Que font-ils ? : « reb-reb » !

« Reb-reb ! » c'est un cri de menace, que le canard mâle lance, à cette époque de l'année, quand il rencontre un autre canard mâle, lequel lui répond en faisant lui aussi « reb-reb ! » : c'est une insulte. Traduisez-la par « Je vais te réduire en pâté de canard » ou « Tu n'es qu'un affreux petit canard » et vous tomberez à peu près juste. En tout cas, c'est ressenti comme une grave injure car deux canards qui, se croisant, ont fait « reb-reb », se volent immédiatement dans les plumes et se flanquent une raclée.

Mais attention ! Pour que le « reb-reb » pèse tout son poids d'injure, il faut qu'il ait été bien lancé, et, absolument, que les deux becs soient bien en face l'un de l'autre, sur la même ligne et en sens contraire. Alors, avec ce reb-reb crié ainsi, la bagarre est inévitable. Ils vont se battre pour la fille qui nage par-là.

Laissons maintenant passer quelques mois. La cane, objet du débat, a peut-être épousé l'un de nos deux canards, peut-être un troisième, peu importe, c'est son problème. Mais voici que nos deux canards se retrouvent sur l'étang. Ils se croisent, ils vont recommencer à faire « reb-reb »... et rien ne se passera.

Pourquoi ? C'est que, cette fois, en faisant « reb-reb », chacun de nos deux canards a légèrement — à peine — dévié son bec. Celui-ci n'est plus dirigé vers celui de l'autre, mais à un degré sur la droite ou sur la gauche. Cette modification infime a tout changé. « Reb-reb » avec le bec dévié d'un côté signifie maintenant « Bonjour » ou plus exactement « Va, je ne te hais point » formule que vous lirez quand vous apprendrez *le Cid,* de M. Corneille, pièce dans laquelle Mlle Chimène explique ainsi à Rodrigue qu'elle l'adore. Chez les canards, en dehors de la période des amours, le « reb-reb », d'abord cri de menace annonçant la bagarre, est devenu salutation courtoise, expression d'amitié, au moins de neutralité bienveillante, dès qu'il est émis avec le bec un peu dévié.

Et cela va plus loin. A un moment donné, tous les canards de la bande vont se réunir et faire « reb-reb » avec entrain, pendant des quarts d'heure entiers. Les zoologues appellent cela « les palabres en “ reb-reb ” ». C’est façon de se dire les uns aux autres « On est ensemble, on s’entend bien » et, pour chaque canard reb-rebant, de savoir qu’il fait partie d’un groupe où l’on est d’accord. Tout cela, évidemment, en faisant bien attention que les becs ne soient jamais sur la même ligne.

Le même « mot » a changé de sens à cause de ce mouvement du bec.

Cela vous paraît ridicule ? Pourtant, vous et moi, nous descendons tous d’un australopithèque, un grand singe peut-être parent des orangs-outangs et, quand nos australopithèques de grands-pères se rencontraient, ils se montraient les dents en grognant, histoire de s’impressionner l’un l’autre et, quelquefois, d’entamer une bagarre. Montrer les dents à un congénère, c’était, pour eux, signe d’attaque, ou menace.

Maintenant, quand nous rencontrons un ami, que faisons-nous ? Nous sourions... C’est-à-dire que nous montrons les dents. Et ce sourire signifie « Bonjour », « Je suis content de te voir », ou encore « Je ne te veux pas de mal ». Exactement comme le « reb-reb » à bec dévié des canards.

Comment les fauvettes ont-elles appris l'astronomie ?

Les fauvettes « babillardes » (c'est leur nom et elles le méritent) posaient un problème aux zoologues : on les avait baguées pour savoir où elles allaient passer l'hiver, les retours de bagues prouvaient que c'était au Soudan, tout là-bas du côté des sources du Nil. On savait aussi, par le même moyen, que, pour revenir, ces fauvettes descendaient le Nil, tournaient à gauche, une fois arrivées à Alexandrie, suivaient ensuite la côte d'Afrique, volant donc vers l'ouest, à peu près jusqu'en Tunisie et qu'ensuite elles viraient nord-ouest pour parvenir en France en longeant plus ou moins la côte d'Italie.

Itinéraire parfaitement admissible. La plupart des oiseaux hivernant au Soudan en préfèrent un autre, via la côte d'Asie Mineure, Constantinople, le Bosphore et les Balkans, mais les fauvettes babillardes devaient avoir leurs raisons pour choisir ce chemin-là. Peut-être y trouvent-elles plus de choses à manger, ou simplement ont-elles l'habitude de cette route depuis tant de générations que c'en est devenu une règle.

Seulement, quelque chose ne marchait pas : toutes les fauvettes babillardes reprises sur cet itinéraire l'avaient été « au repos », perchées sur des branches, à babillarder. Or on les attrapait seulement pendant la journée. Conclusion : la fauvette babillarde se repose le jour et vole la nuit. C'est son droit, notez. Mais comment fait-elle pour reconnaître sa route ?

On savait, depuis les expériences de Sauer sur les étourneaux, que les oiseaux qui voyagent pendant le jour règlent leur vol d'après la position du soleil. Comment ils se débrouillent pour « faire le point » est une autre affaire, et inquiétante : nous, les hommes si savants, avec un tas d'instruments que nous avons mis des milliers d'années à inventer, il nous faut au moins vingt minutes (et encore si on en a l'habitude) pour savoir qu'on est « par X degrés de latitude et Y degrés de longitude ».

Les oiseaux migrateurs vous expédient ce calcul en moins d'une seconde. Mais les fauvettes babillardes ? Pas de soleil pour faire le point puisqu'elles volent la nuit...

Un zoologue a eu une idée surprenante : reconstituer les conditions où sont les babillardes quand elles volent, et regarder ce qu'elles font.

Or que voient-elles, la nuit ? Le ciel et ses étoiles, c'est évident. Ça l'était d'autant plus que (d'autres renvois de bagues l'avaient prouvé) — ces fauvettes arrêtaient leur voyage, restaient au repos quand le temps était couvert, quand les nuages les empêchaient de voir le ciel et ses étoiles. Notre zoologue a donc supposé que la position des étoiles dans le ciel aidait les fauvettes à se diriger.

C'était surprenant mais possible : après tout, si ce sont toujours les mêmes étoiles qu'on voit dans le ciel, on ne les voit pas placées de la même façon selon qu'on est, le même jour et à la même heure, aux sources du Nil ou à Tunis. Et, si on reste au même endroit, on ne les voit pas non plus placées de la même façon selon qu'il est dix heures du soir ou trois heures du matin. Autrement dit, le ciel a l'air de tourner. Il nous a fallu des milliers d'années pour comprendre que c'était notre terre qui bougeait mais nos ancêtres avaient déjà remarqué que « le ciel tournait ». Pourquoi les fauvettes babillardes n'auraient-elles pas été aussi observatrices que les bergers d'il y a trois mille ans ?

Notre zoologue se disait tout cela quand il a demandé qu'on lui fabrique un « planétarium » semblable à celui que beaucoup d'entre vous ont vu au Musée de l'homme. Une immense voûte noire où de petites lampes électriques figurent chaque étoile. La Polaire à sa place, Vega du Centaure à la sienne, la grande giclée de la Voie lactée barrant le tout, exactement comme dans un vrai ciel. Ce « planétarium » tourne lentement sur lui-même, précisément comme notre ciel étoilé semble tourner. Si bien qu'en actionnant la manivelle, on peut obtenir le ciel d'Alexandrie le 15 avril à trois heures du matin, et encore, le ciel de Tunis le 17 mai à 11 heures du soir, etc.

Bon. Notre zoologue a son planétarium. Dessous, il met une grande, grande volière avec une douzaine de fauvettes dedans. Vous me direz que tout cela a dû coûter très cher et qu'il n'était pas sûr de découvrir quelque chose. Je vous répondrai que ça se passait en Allemagne où on est riche et où on donne beaucoup d'argent aux savants pour leurs expériences.

Voilà donc nos fauvettes babillardes sous le ciel éteint. Elles vont çà et là dans leur volière, sautent de branche en branche sur les arbres qu'on y a mis, babillent, bref se conduisent en fauvettes qui n'ont rien de particulier à faire.

Le zoologue fait tourner sa mécanique, place le planétarium de telle façon que ses étoiles, sa voie lactée, tout le toutim, se trouvent exactement dans la position où les étoiles, la voie lactée et tout le toutim se trouvent au moment de l'année où, au Soudan, les fauvettes vont partir en migration, c'est-à-dire descendre le Nil en volant vers le Nord. Et il allume...

En un instant, toutes les fauvettes qui jusque-là baguenaudaient s'arrêtent et se mettent dans la même position : bec au nord, queue au sud. Exactement comme quand elles partent en migration, des sources du Nil à Alexandrie.

Le zoologue éteint son ciel, fait tourner sa mécanique de façon que ses étoiles se trouvent dans la position où on les voit, d'Alexandrie, au moment où les fauvettes arrivées là vont tourner sur leur gauche, vers l'ouest. Et il allume.

L'instant d'après, ses fauvettes, rectifiant la position se mettent bec à l'ouest queue à l'est. Exactement comme si, arrivées à Alexandrie, elles s'apprêtaient à suivre la côte d'Afrique jusqu'à Tunis.

Troisième expérience, il éteint son ciel, le fait tourner pour que ses étoiles se trouvent dans la position où on les voit, de Tunis, quand les fauvettes babillardes vont monter vers l'Italie pour arriver chez nous. Il l'allume et, une fois de plus, il constate que les oiseaux se tournent, bec au nord-ouest queue au sud-est, comme ils l'auraient fait sous un vrai ciel ayant ses étoiles dans cette position-là.

Il y avait de quoi épater un zoologue. Or un zoologue épaté recommence son expérience pour voir s'il ne s'est pas trompé. Celui-là l'a recommencée dix fois, mille fois. D'autres l'ont reprise, ils l'ont compliquée en essayant de tromper les fauvettes sur leur position, de leur faire croire qu'elles étaient Dieu sait où, en Sibérie... Chaque fois, les babillardes ont rectifié la position, comme il fallait.

Conclusion : la fauvette babillarde, qui voyage de nuit pendant sa migration, se dirige d'après la position des étoiles. De toutes ? Pas même : le zoologue a éteint ses lumières les unes après les autres et prouvé qu'au bout du compte ses fauvettes babillardes fixaient leur route générale — vers le nord, l'ouest ou le nord/ouest — d'après la position au ciel de trois étoiles seulement.

Ça paraît simple, mais dites-moi : qui a appris l'astronomie aux fauvettes ?

L'indicateur

Vous connaissez beaucoup d'histoires racontant des alliances entre bêtes : l'oiseau pique-bœuf, qui vit sur le dos du buffle, picore les insectes de la peau de son hôte et le prévient d'un danger en lançant son cri d'alarme et en s'envolant, par exemple. Les rémoras qui collent leurs ventouses au requin et mangent ce qui tombe de la bouche de leur transporteur. Tout cela s'explique facilement.

L'histoire que je vais vous raconter est plus curieuse parce qu'elle suppose, chez un oiseau et chez un ours, un commencement de réflexion.

L'ours est un ours brun, tout à fait semblable aux nôtres, qui vit en Yougoslavie, dans les grosses montagnes des Karpates.

L'oiseau est un « indicateur », un passereau très ordinaire, grisâtre-brunâtre, qui habite les mêmes montagnes.

Or il se trouve que l'indicateur adore le miel et la cire des essaims mais qu'il a horriblement peur des piqûres d'abeilles. Ce qui lui complique la vie. Mais il a su se débrouiller.

Que fait un indicateur quand il rencontre un essaim accroché à sa branche, abeilles voletant tout autour ? Il s'en va, part à travers la montagne jusqu'à ce qu'il ait rencontré un ours. Comment sait-il que l'ours aime le miel ? Mystère...

Voilà notre indicateur arrivé à son ours. Imaginez la scène, en pleine montagne, dans un bois. L'ours somnole, bien tranquille, sûr que personne n'osera le déranger et tout à coup, il voit, autour de sa tête, un oiseau qui vole ici et là, vient lui crier Dieu sait quoi sous le nez, s'envole, revient, tournaille encore autour de lui, s'agite, mène un sabbat infernal. Qu'est-ce qu'il lui veut, cet oiseau ? Mais il continue, réveille complètement son ours.

L'autre a-t-il fini par comprendre ? Second mystère... En tout cas, il se lève lourdement. Le voilà sur ses pattes, sa grosse tête levée vers l'indicateur qui piaille toujours, voletant de branche en branche.

Cette fois, l'ours a compris. Il se met pesamment en route, l'indicateur le précédant comme un chien qui veut qu'on le suive.

Vous avez dû vivre cela : le chien fait vingt pas, se retourne, revient, se fait caresser, repart, s'arrête encore pour voir si vous venez derrière.

L'indicateur agit de même, caresses à part. Il vole en avant, se pose, revient, piaille au nez de l'ours. Bref, il lui montre le chemin. Quel chemin ? Celui de l'essaim. On arrive, l'indicateur se pose sur une branche à l'écart, et attend la suite des événements.

Elle est simple. L'ours va se mettre debout contre l'arbre, tendre sa grosse patte, décrocher l'essaim, le faire tomber. Les abeilles sortent furieuses, essaient d'attaquer la grosse tête qui a osé...

L'ours s'en moque. Il ferme les yeux, sachant bien que partout ailleurs les aiguillons des abeilles ne peuvent rien contre lui. Nez froncé, il ouvre l'essaim, se régale. Au bout d'un moment, les abeilles arrêtent leur contre-offensive furibarde : leur reine est partie, il faut la suivre pour aller s'installer ailleurs.

L'ours finit tranquillement son repas de miel, de cire et de larves d'abeilles, se lèche les babines et s'en va, gros bonhomme sous les arbres.

Alors l'indicateur, qui était resté sur sa branche jusqu'au départ de la dernière abeille, descend, et mange les restes de l'ours. La foule de morceaux de cire que ce gros gourmand a laissés parce qu'ils étaient trop petits. Largement de quoi faire déjeuner l'indicateur le plus affamé.

Voilà toute l'histoire... Vous me direz que l'ours sait, par expérience, que l'indicateur voulait lui dire où était un essaim, quand il est venu le déranger. Que l'indicateur avait dû voir des ours manger des essaims et qu'il n'a fait que provoquer ce qu'il avait vu. Je veux bien. Dites aussi que c'est l'instinct. Je veux bien encore quoique je ne sache pas bien ce que le mot instinct veut dire.

Mais réfléchissez : il y a bien eu, une fois, un premier indicateur qui a conduit un premier ours vers un premier essaim d'abeilles? Que s'était-il passé, ce jour-là, dans son petit cerveau de passereau? Et comment l'autre, dans sa grosse tête d'ours, avait-il compris?

Les secrets du lapin

Au milieu du siècle dernier, le commandant d'un trois-mâts, faisant escale en Australie, commit la sottise d'y lâcher une douzaine de lapins. A première vue, ce n'était pas grave. Seulement les lapins se reproduisent à une vitesse vertigineuse et il n'y avait, là-bas, ni chat ni renard pour les manger. Résultat : la gent lapinière a proliféré au point que, vers 1900, on ne savait plus s'il y avait deux cents ou deux cent cinquante millions de lapins. Ils mangeaient tout, détruisaient les récoltes, changeaient les herbages en déserts, bref devenaient horriblement nuisibles. Il fallut la myxomatose pour limiter leur surpopulation...

Ce qu'on sait moins, c'est d'où vient notre lapin : d'Espagne... Les légionnaires romains l'y avaient trouvé lors d'une de leurs expéditions. Ils ont capturé des lapins sauvages, les ont ramenés à Rome où on les élevait dans des garennes bien closes. Et puis Rome a conquis la Gaule, donné des

« villas » à ses légionnaires en retraite qui ont apporté des lapins de chez eux, les ont élevés. Ces lapins se sont échappés, ils se sont multipliés à leur guise, et c'est ainsi que la Gaule a été couverte de lapins.

C'était moins grave qu'en Australie parce que, chez nous, il y avait des renards, des chiens, des belettes, des chouettes et des hiboux, des aigles, enfin beaucoup de « prédateurs » comme on dit, de carnassiers qui se nourrissaient de lapins, sans parler des hommes qui les chassaient.

Car, depuis toujours, Jeannot a été le gibier des pauvres gens qui n'avaient pas le droit de chasser. Les furets existaient déjà, on savait tendre des collets et de braves lapins de garenne venaient retrouver, dans la marmite des paysans, les « clapiers » qu'ils élevaient et dont, peu à peu, ils fixaient les races.

On le chassait à courre, ce qui est tout de même un comble. Imaginez la scène : un petit cul-blanc fuyant avec, derrière lui, une meute de chiens et une vingtaine de cavaliers sonnant du cor de chasse. On avait même inventé une « sonnerie » pour ces chasses à courre le lapin : au début du XVIIIe siècle, les cors « sonnaient » *le bon roi Dagobert,* dans ce cas-là.

Les fusils étaient inventés depuis longtemps mais on s'en servait peu contre Jeannot : pas assez gros pour mériter le prix d'une cartouche. C'est au XIXe siècle, au début du nôtre surtout, qu'on s'est mis à fusiller les lapins.

Ce qui a posé un problème : quand il fuyait devant son chasseur en train d'épauler, Jeannot faisait toujours des crochets. L'autre le maudissait :

pas de doute, ce maudit lapin zigzaguait pour éviter les coups de fusil. On le dit encore.

C'est une erreur. Le lapin est malin, mais pas au point d'avoir compris qu'un tireur doit aligner ligne de mire et cible pour tuer. D'autant plus que nous ne lui tirons dessus que depuis deux cents ans. Certes, les perdrix ont fini par comprendre qu'il fallait « remiser » de plus en plus loin et, en fin de saison de chasse, s'envolent (on dit, et c'est très joli, qu'elles « se mettent sur l'aile ») de bien plus loin qu'en septembre. Mais les crochets du lapin ont une tout autre origine.

Son ennemi public n° un est le renard, qui le poursuit. Ses yeux, disposés de chaque côté de sa tête, ne peuvent pas apercevoir ce qui se passe derrière lui. Alors, fuyant, il fait des crochets pour voir si ce damné renard est toujours là.

C'est un peu le même mécanisme que chez la bécasse. Elle s'envole à toute allure, fait trois crochets, file encore et plonge dans les branches. Faut-il la tirer avant ou après les crochets ? Les « nemrods » en discutent encore, au lieu de laisser vivre les bécasses... Ils sont convaincus que cet oiseau crochète pour qu'ils le ratent. Ce qui est faux.

La bécasse zigzague ainsi presque automatiquement parce que c'est, depuis nombre de siècles, le seul moyen d'éviter l'attaque du faucon, son ennemi n° un. Le plus étrange, d'ailleurs, est qu'après avoir plongé vers le sol, en général parmi les arbres, elle se pose et, curieuse comme une biche, revient à pied pour voir ce qui a fait tant de bruit derrière elle. Pendant ce temps le gros balourd de chasseur, convaincu qu'il l'a tuée puisqu'il l'a vue tomber comme une pierre, insulte son chien qui n'est pas capable de retrouver la bécasse morte dans les buissons...

En fait, la seule défense du pauvre Jeannot, outre cette fuite sans espoir, est de passer inaperçu. Alerte donnée, soit qu'il ait senti vibrer la terre parce qu'un congénère l'a frappée des pattes de derrière (c'est ainsi que les lapins se préviennent qu'il y a du danger), soit qu'il ait entendu aboyer un chien, ou crier le geai qui sait si bien avertir tout le monde de l'arrivée d'un homme, il gagne le premier buisson, s'enfile dans le premier trou et reste là, tremblant de peur, immobile.

Comment l'a-t-il appris ? On finira par savoir ce qui est, chez lui, héréditaire et ce que chaque lapin a appris pendant sa petite vie. Je vais vous l'expliquer tel que cela se passait avant que le professeur Delisle, avant la dernière guerre, ait collé la myxomatose à nos lapins qui ont bien failli mourir tous. Si, dans ces années-là, vous aviez roulé sur nos routes, vous les auriez vues constellées de petits tas de fourrures sanglantes : des lapins myxomateux, malades, les yeux saignants, qui s'étaient traînés jusque-là pendant la nuit pour avoir moins froid et que les autos écrasaient. Les routes de Sologne, en 1938, étaient un tapis de lapins morts. Puis l'épidémie a reculé, certains lapins ont survécu. Mais, dès que leurs troupes redeviennent nombreuses, la myxomatose repart et on revoit ces humbles cadavres. L'usage est de dire que c'est normal, que l'épidémie doit, naturellement, reprendre son cours sitôt dépassée une certaine quantité de lapins à l'hectare... Je veux bien, mais ça m'étonne un peu. N'y aurait-il pas des propriétaires de forêts mécontents de voir les lapins manger leurs petits arbres et qui, en douce, réinjecteraient la myxomatose à quelques lapins capturés ? On a bien donné je ne sais quelle médaille au professeur Delisle pour son haut fait...

Normalement, nos lapins vivent en cités souterraines. Ils trouvent un gros talus, dans la forêt, creusent un premier terrier qui bientôt se ramifiera, en croisera d'autres et tout cela finira par donner des kilomètres de couloirs que toujours des lapins creusent et creusent encore. Le nombre de Jeannots qu'il y a dans ces villes est incroyable : on s'en aperçoit quand on y fait entrer un furet. Le bruit des pattes des lapins fuyant dans leurs couloirs, parce qu'ils ont senti l'horrible odeur de leur ennemi, est presque aussi violent qu'un roulement de tonnerre.

Que se passe-t-il dans ces villes secrètes où vit la société lapin ? On n'en sait pas grand-chose, car la plupart des renseignements que nous avons viennent des observations de lapins domestiques. Elles sont donc aussi suspectes, que si, pour dire comment vivent les loups, nous partions de ce que fait le loup apprivoisé ou celui qui tourne dans sa cage.

On suppose — et c'est probablement vrai — qu'il y a un « caïd » lapin qui interdit aux autres de rencontrer les lapines. On suppose, et c'est vraisemblable, qu'ils se chamaillent sérieusement, dans ces terriers, quand ils ne s'occupent à leurs innocents travaux de terrassement.

La preuve ? C'est que la lapine de garenne, quand elle veut mettre bas, s'isole, quitte la ville, et va creuser un petit terrier personnel, qu'on appelle la « rabouillère », où elle installe ses lapereaux nouveau-nés, dans une chambrette qu'elle a garnie de poils arrachés de son ventre. Pourquoi ? Sans doute parce que, s'ils naissaient en ville, ils risqueraient d'être tués.

Bonne mère, elle vient donner deux tétées par jour et, quand elle quitte la rabouillère pour aller manger et vaquer à ses petites affaires, la lapine en rebouche soigneusement l'entrée, ramenant de la mousse, des feuilles, de telle sorte que le renard ne les sentira pas, et ne verra pas cette entrée. Les petits rejoindront la cité quand, sevrés, ils seront capables de se débrouiller seuls.

Chaque soir, les lapins sortent de la ville et vont manger dans les champs, les luzernes, où le repas est servi. Prudents, ils ne s'y rendent pas sans s'assurer que tout est calme, là-bas. Le lapin gagne d'abord l'orée du bois, et « fait le chandelier », debout sur son petit derrière, pattes de devant ramenées sur la poitrine. Il regarde. Si c'est tranquille, il passe dans le champ en quelques sauts et se met à brouter. S'il voit, sent ou entend n'importe quoi de suspect, un grand coup des pattes de derrière ébranle le sol et il file se cacher, pendant que toute la gent lapine des alentours en fait autant, prévenue par ce signal d'alarme que les lapins emploient encore dans les cages de leurs clapiers où vous verrez souvent un père lapin envoyer une ruade contre la paroi de bois. Dit-il ainsi aux autres qu'il a eu peur, qu'il est en colère ou quoi ? On n'en sait rien, et c'est le seul « mot » des communications lapin que nous connaissions.

Or ils ont forcément d'autres moyens de communiquer. Des cris ? On n'entend le lapin crier qu'au moment où il a peur de mourir. Des ultra-sons ?

Tout est possible avec les rongeurs mais on n'a rien enregistré encore. Des attitudes ? Il se peut que la position des oreilles, des épaules ou du dos ait un sens. Mais à quoi serviraient ces signes, invisibles dans l'obscurité des terriers ? Notre ignorance est totale et le lapinologue qui découvrira leur langage est sûr de passer à la postérité.

Il faut savoir aussi deux choses, sur ces Jeannots. D'abord qu'ils ne se croisent jamais avec le lièvre. Les prétendus « léporidés », métis, sont un rêve. Le lapin déteste même ce grand cousin et, si vous introduisez du lièvre dans son terroir, il le chasse.

La seconde chose, que beaucoup d'entre vous connaissent, est que le lapin s'apprivoise très facilement. Propre comme un chat, gentil comme un chien, facile à nourrir et aimant qu'on le caresse, c'est un délicieux compagnon-à-enfants... Mais, si vous avez un lapin apprivoisé, dites-vous bien que vous ne pourrez plus, plus jamais, manger de gibelotte ou de lapin rôti.

Pas plus que vous n'êtes capable de manger du chien...

Les ruses du lièvre

Il y a un mot affreusement dangereux, quand vous parlez des façons de vivre des bêtes. C'est « parce que »... Si vous dites que tel animal fait telle chose parce que... vous êtes sûr de dire une bêtise. L'histoire que voici le prouve. Je la raconterai d'abord avec des tas de « parce que » et je vous dirai la vérité ensuite.

Il s'agit du lièvre, que vous connaissez bien. On l'appelle aussi « bossu », ou « capucin », on sait qu'il est peureux, qu'il court très vite, que les lièvres dansent, en hiver, dans les blés en lait, que ces danses sont des semblants de batailles, que les hases (les dames lièvres) déposent leurs petits sous une touffe d'herbes, qu'elles ne s'en occupent que pour donner les tétées, enfin que ces levrauts ne risquent pas grand-chose, à ce moment, parce qu'ils n'ont aucune odeur et qu'ainsi les renards ou les chiens ne les sentent pas.

Voilà donc un grand lièvre flâtré (couché tout de

son long) dans un pré : vous passez avec votre chien, qui sent le capucin, arrive à toute allure. L'autre se met sur pied, s'enfuit. Mais il prendra toujours le côté qui monte, ou bien il galopera vite-vite jusqu'à trouver une colline qu'il gravira à fond de train.

Pourquoi ? *Parce que* ses jambes de derrière, plus longues que celles de devant, lui donnent une plus grande vitesse en côte et qu'ainsi il sèmera votre chien.

Notre lièvre a maintenant de l'avance. Suivez-le dans vos jumelles. Il va filer jusqu'à une route empierrée ou goudronnée où il se mettra à galoper.

Pourquoi ? *Parce que* le chien le suit à son odeur, que cette odeur est laissée par de petites glandes que le lièvre porte entre ses doigts, et que, sur la route goudronnée ou empierrée, il laisse moins d'odeur que sur la terre des champs où ses pieds s'enfoncent, que dans les prés où l'herbe retient l'odeur.

Votre chien, toujours derrière, aboie, (signe qu'il a suivi la piste). Alors le lièvre va filer jusqu'à un ruisseau pas trop large et là, il se mettra à faire des sauts en zigzag, passant chaque fois d'un côté du ruisseau, à l'autre.

Pourquoi ? *Parce que,* sautant et ressautant ainsi, il perd définitivement sa trace puisque le chien, nez au sol, ne peut pas imaginer ces bonds... Votre lièvre est sauvé, vous tout content d'avoir compris pourquoi, et convaincu que c'est un animal très intelligent.

L'ennuyeux, c'est que si vous suivez des jumelles un lièvre absolument tranquille, sans le moindre chien à ses trousses ni dans les environs, un lièvre qui se promène, vous le verrez prendre les côtes, cheminer de temps en temps sur les routes goudronnées ou empierrées, sauter d'un bord à l'autre des ruisseaux.

Le vôtre n'a donc pas fait ces gestes *parce que* le chien était sur sa piste. Il les a faits parce qu'il est « programmé » à les faire. En gros, cela a dû se passer ainsi : seuls, les lièvres qui galopaient de cette façon ont échappé aux renards et aux chiens. Seuls ils se sont reproduits et, peu à peu, siècle de lièvres après siècle de lièvres, une prédisposition à galoper ainsi s'est gravée dans leur psychisme. Ils l'emploient mécaniquement, sans savoir pourquoi. Peut-être les vieux lièvres, qui ont été beaucoup poursuivis, ont-ils vaguement compris que cette façon de fuir les sauvait.

Ils arrivent même à la perfectionner : j'ai connu un bouquin qui, pour échapper aux chiens, fuyait comme je vous l'ai décrit puis se jetait, d'un bond formidable, dans les basses branches d'un chêne rogneux. D'un chêne qu'on avait taillé et qui avait ainsi une sorte de plate-forme assez large, à deux mètres du sol, d'où partaient ses branches de l'année. Là, ce capucin était absolument tranquille.

Mais, sa fuite si surprenante, avec usage des côtes, des routes et des ruisseaux n'était absolument pas réfléchie, et les trois « parce que » que j'ai employés étaient trois bêtises.

Voilà un autre exemple. Vous dites : « le chien mange parce qu'il a faim ». C'est idiot : un chien peut parfaitement avoir très faim et ne pas manger (s'il a du chagrin, par exemple) ou manger comme un ogre sans avoir faim (s'il y a un autre chien près de son assiette). La vérité est que chaque geste qu'accomplit un animal a une foule de causes. Si vous dites qu'il fait cela « parce que », vous isolez une de ces causes, ou deux, ou dix... et vous ne dites plus la vérité.

Il faut dire : tel animal fait ceci et telle chose s'est produite. Voilà tout... Et bien les regarder vivre : c'est si amusant...

Pourquoi le lion se marie-t-il ?

Le lion est très, très beau, mais c'est un gros patapouf. Lourd de l'avant, léger de l'arrière, puissamment musclé, il peut sauter à huit mètres mais courir l'essouffle et pour tout dire l'ennuie. Alors il chasse à l'affût, tapi derrière un buisson, attendant qu'une gazelle passe pour lui tomber sur le dos. Mais si la gazelle ne passe pas ? C'est pour cela que le lion se marie.

Car la lionne, plus fine, plus légère, peut galoper à toute allure si ça ne dure pas trop longtemps. Elle va servir de rabatteur à son lion, quand Monsieur voudra bien chasser.

Cela se passe toujours de la même manière. Quand le lion est repu, qu'il n'a pas faim du tout, il reste couché, tête haute, à surveiller la savane, dans l'attitude du Lion de Belfort, place Denfert-Rochereau à Paris. Sa lionne est près de lui, à lui faire des câlineries et les lionceaux, s'il y en a, s'amusent entre eux ou avec leur mère. Les gazelles savent, en voyant cette gentille famille rassemblée, qu'elles n'ont rien à craindre et viennent paître jusqu'à trente mètres sans s'émouvoir.

Mais tout change les soirs où Monsieur Lion a décidé qu'il fallait manger. D'abord, au crépuscule, il lance un rugissement spécial, différent des autres, très long, qui roule et semble venir des quatre coins de l'horizon. Un rugissement que les bergers de Mauritanie connaissent et qu'ils traduisent, en arabe, par « Ia ou ben el mera ! » qui veut dire « Moi, et le fils de la femme ». Ils pensent qu'en lançant ce rugissement-là le lion signifie à toute la savane que, cette nuit, lui seul a droit de chasse, avec l'homme, fils de la femme...

Les gazelles n'en savent pas si long, mais seulement, d'expérience, que ce rugissement annonce qu'il va y avoir du vilain, que le lion va chasser. Alors elles s'immobilisent, pattes tremblantes, naseaux frémissants, oreilles battantes, regardant de tous les côtés : d'où viendra l'attaque ?

Pendant ce temps, notre lion s'est caché derrière un buisson et sa lionne a fait le tour du troupeau. La voilà loin de lui, à un endroit où les gazelles ne devinent pas sa présence. Et elle charge ! D'un galop fou. Le troupeau de gazelles s'égaille à toute allure, chacune fuyant de son côté, affolée. La lionne galopante repère celle qui court le moins vite, la poursuit, la chasse, la ramène vers le buisson où l'autre attendait. La malheureuse gazelle s'en rapproche et, pensant seulement à fuir, passe à portée.

Tout se passe alors très vite : un saut formidable,

le lion tombe sur la gazelle, dents crochées à l'endroit où le cou rejoint les épaules, une patte empoignant les naseaux, l'autre fauchant les jambes de devant. Elle tombe, morte avant d'arriver par terre et de comprendre ce qui s'est passé. Il prend le petit cadavre dans sa gueule, le tire à l'ombre et on se partage le déjeuner.

Un déjeuner que le lion n'aurait pas eu si facilement, s'il avait été célibataire. C'est pour cela qu'il se marie et vit avec sa lionne...

Les bergers de Mauritanie savent tout cela, parce qu'ils gardent leurs troupeaux dans la savane, qui est le royaume des lions. Et ils n'aiment pas que les lions, faute de gazelles, mangent leurs chèvres ou leurs moutons.

Ils savent aussi que, quand un ménage de lions a pris cette mauvaise habitude, mieux vaut tuer la lionne que son mari. Parce que, s'ils ont abattu la lionne, lui s'en va pour aller en chercher une autre puisqu'il a besoin de rabatteur. On sera tranquille quelques semaines.

Mais, si c'est le lion qu'ils ont tué, la lionne veuve reste toute seule, pas contente du tout, et dangereuse : elle sait rabattre mais elle n'a pas l'habitude de tuer. C'était son copain qui tuait. Alors elle rugit. Les bergers disent que c'est à cause de son deuil mais ils se trompent : la lionne veuve rugit de faim. Et, à force d'avoir faim, elle va attaquer les moutons et les chèvres ou même le gibier le plus facile à tuer, si on s'y prend bien, qui est l'homme... C'est pour cela qu'ils préfèrent un lion veuf à une lionne solitaire.

Cette façon de chasser commande, au bout du compte, toute la vie sentimentale des lions. Là où il y a peu de gibier, en Mauritanie, en Somalie par exemple, il n'aura qu'une seule épouse mais, si la région est très riche en gazelles ou en antilopes, il en aura plusieurs. On chassera tous les jours, voilà tout, au lieu de deux fois par semaine, mais toujours de la même façon : les lionnes rabattent et le lion tue.

Mais le lion est incroyablement paresseux. On l'a découvert dans les réserves où il y a une quantité formidable de gazelles, de gnous, d'antilopes de toute espèce.

Là, il ne se donne même plus la peine de tuer. Il laisse faire les lionnes qui, se mettant à plusieurs puisqu'il a cinq ou six épouses, poursuivent leurs proies et les égorgent.

Lui, se contente de régner sur sa famille, de manger, et de veiller à ce qu'aucun rival ne vienne chasser chez lui. Car, comme beaucoup d'animaux, chaque lion a son territoire où il ne tolère pas la présence d'un autre mâle. C'est pourquoi, dans ces réserves, le lion, quand il ne se repose pas, va d'un bout à l'autre de son domaine personnel, s'arrêtant aux bons endroits pour laisser son odeur sur un buisson en urinant, et rugissant de temps en temps pour bien faire savoir aux voisins qu'il est chez lui et que mieux vaut n'y pas entrer.

Le roi des animaux, en somme, est devenu roi fainéant...

Les bandes de jeunes chez les lions

Voilà une autre histoire de lions. Elle se passe dans le parc du Serengeti, la réserve la plus peuplée du Kenya. La plus peuplée en animaux, bien sûr. Le nombre d'antilopes, de gazelles, de gnous, de zèbres qu'il y a là est fantastique.

Et, pour les manger, enfin pour prévenir une surpopulation telle que ces bêtes ne trouvent plus rien à brouter, il y a aussi, dans le Serengeti, sept cents lions. Ce qui est beaucoup.

Un « beaucoup » qu'il faut expliquer. C'est que, là, les petits lionceaux mâles ne meurent pas de faim. Ailleurs, c'est ce qui leur arrive et voici comment.

Le lion, vous le savez, vit avec sa — ou ses — lionnes selon qu'il trouve, dans son territoire de chasse, plus ou moins de gibier. Au Serengeti où les proies sont en quantité prodigieuse, il a toujours plusieurs lionnes avec lui.

Mais vous savez aussi que le lion n'accepte pas qu'un autre lion, — un autre mâle — vienne chasser sur ses terres, et courtiser ses lionnes. Mettez-vous à sa place...

Bon. Rapprochez ces deux faits, et vous comprendrez que, quand une des lionnes a eu un lionceau, d'abord le père lion ne dit rien mais, quand ce lionceau grandit, il le met à la porte. Pour lui, c'est simplement un autre lion, un concurrent. Alors il le chasse. C'est triste mais c'est ainsi.

Or ce lionceau adolescent, une fois qu'il a été chassé par son père, se retrouve tout seul. Il essaye d'aller ailleurs, puisqu'il ne peut pas revenir chez lui, mais, dans toute la savane, il y a d'autres grands lions qui n'admettent pas, eux non plus, de concurrent sur leur terrain de chasse. Par-dessus le marché, il ne sait pas chasser seul, ou mal.

Alors il attrape ce qu'il peut, pour manger. De petites bêtes, des lézards. Tout cela n'est pas suffisant pour nourrir un jeune lion qui grandit et grandit encore. Alors, finalement, dans la plupart des cas, le pauvre jeune lion qui a été chassé par son père finit par mourir. C'est horrible, mais qu'y faire ?

Les petites lionnes, elles, ou bien restent avec leur père — ce ne sont pas des concurrentes — ou bien, si elles vont ailleurs, un autre lion les épousera.

Cela se passe toujours ainsi, dans les régions « normales » où il y a juste ce qu'il faut de gibier, de gazelles et d'antilopes, pour nourrir les grands lions et leur famille : beaucoup de jeunes mâles crèvent, et les jeunes femelles entrent dans les harems des grands lions.

Mais au Serengeti, où la chasse est interdite, il y a tellement de gibier que les jeunes lions, quand ils ont été chassés par leur père, peuvent finir par se débrouiller. Ils trouvent toujours un gnou nouveau-né à attraper, une gazelle boiteuse à prendre, une antilope malade à tuer. Ils survivent.

Ils survivent d'autant mieux qu'ils se groupent. Ce qui se comprend : le jeune, s'il restait tout seul à essayer de chasser, finirait forcément par se trouver dans le territoire d'un grand lion plus fort que lui, qui le chasserait ou le tuerait. Si au contraire il est avec une bande de jeunes comme lui, le grand lion osera moins les attaquer.

Si bien qu'on trouve, dans cette réserve, une situation imprévue. D'une part, les grands lions « installés », qui ont chacun leur territoire de chasse avec leurs lionnes et leurs petits, d'autre part la bande des jeunes qui, n'ayant pas de territoire, se contentent de suivre les troupeaux de zèbres, de gnous, d'antilopes et de gazelles. Des bandes de lions hippies, si vous voulez.

Vous voyez bien ? Des lions « installés » chacun sur son territoire, et des bandes de jeunes qui errent ici et là. Naturellement, cela amène des batailles. Les lions hippies ont envie de devenir « lions installés » et les « lions installés » ont envie de se débarrasser des lions hippies.

Mais que vont faire les « lions installés » pour se débarrasser des bandes de jeunes qui viennent chasser chez eux et font la cour à leurs lionnes ? Quelque chose d'inimaginable.

Ils s'associent ! Deux lions installés, voisins, incapables, s'ils sont tout seuls, d'empêcher les bandes de jeunes de venir chez eux, s'allient pour les tenir à l'écart. Parce que, deux grands lions ensemble, habitués à tuer, très lourds et pleins d'expérience, sont capables de mettre en déroute le groupe de jeunes qui entre sur leur territoire.

Et les « lions installés » s'associent complètement : chacun a le droit de chasser chez l'autre, et même — c'est incroyable — l'autre lui permet de faire la cour à ses lionnes...

Finalement, la société lion se trouve ainsi répartie : d'une part, les bandes de jeunes qui vivent comme ils peuvent en attaquant les troupeaux qui se déplacent tout le temps, d'un bout à l'autre de l'immense parc du Serengeti parce que, s'ils restaient sur place, ils détruiraient l'herbe et n'auraient plus rien à manger. D'autre part, des associations de grands lions, chacun propriétaire d'un territoire et maître d'un harem de lionnes, qui laissent chasser leurs épouses et ne s'occupent que d'une chose : empêcher les jeunes d'entrer chez eux.

Si ça vous rappelle un peu ce qui se passe chez les hommes, tant pis.

Quelques mots de la langue tigre

Nos rapports avec le tigre ont longtemps été difficiles. D'abord il nous a fait peur, ensuite nous l'avons chassé au point qu'il risque de disparaître, et, pour finir, en développant nos cultures, nous réduisons peu à peu les forêts et la jungle où il chasse, ce qui lui rend la vie impossible.

Heureusement, on a maintenant créé des réserves, des sanctuaires à tigre, où la chasse est interdite. Là, des savants, au lieu de tirer dessus et de lui tendre des pièges, observent (prudemment) le tigre et commencent à comprendre comment il vit.

Vous me direz qu'il y a les zoos où on peut voir des tigres de plus près ? Erreur : le tigre d'un zoo, même s'il a un grand enclos très bien installé, n'est plus un tigre. C'est une bête prisonnière dont les façons ne sont plus du tout celles de l'animal libre.

D'où l'intérêt de ces observations sur les tigres en liberté.

Si poussées que les zoologues commencent à connaître quelques mots de la langue tigre. Les voilà. C'est toujours précieux à savoir : supposez que vous rencontriez un tigre...

Premier mot : le sifflement entre les lèvres. Quand vous croisez un tigre qui fait « sssh » en poussant de l'air entre ses lèvres fermées, n'ayez pas peur : il ronronne. Et comme il ne sait pas ronronner, il exprime ainsi (c'est le sens du ronronnement chez les chats) que tout va bien pour lui.

Ne vous inquiétez pas trop non plus si, au coin d'un sentier de la jungle indienne, vous rencontrez un tigre qui dit « Ou-Ouf ! » C'est de la surprise, voilà tout. Il dit « Tiens, quelqu'un ! » sans autre intention.

Mais soyez un peu plus prudent si votre tigre fait « A-Oun ! » C'est de la surprise encore, mais avec une pointe de mécontentement : « Qu'est-ce qu'il me veut, celui-là ? » ou même « Tiens, voilà ce bon M. Dupont » et « bon », dans ce cas, prend un sens gastronomique.

Enfin soyez tout à fait méfiant, et même détalez aussi vite que vous le pouvez, si vous entendez un tigre tousser trois fois : c'est le cri qu'il lance au moment où il va sauter sur un homme. Alors, au premier coup de toux, filez vite, sinon, au troisième, vous aurez reçu un tigre sur le coin de la figure.

Quatre mots de la langue tigre, c'est peu mais c'est un début.

Les zoologues ont aussi découvert d'autres choses.

D'abord, que le tigre est un solitaire. Il vit d'un côté, la tigresse de l'autre avec ses petits, qu'elle ne laisse pas s'approcher de Monsieur leur père, parce qu'on ne sait jamais. Pourquoi cette différence entre le tigre et le lion, qui vit toujours avec sa lionne ? C'est que le lion a besoin de cette lionne pour lui rabattre les gazelles, nous l'avons vu, tandis que le tigre est assez fort pour chasser tout seul.

En général, il chasse à l'affût, attendant la bête au passage, mais il peut très bien la poursuivre, si ça ne dure pas trop longtemps. Et il l'attaque n'importe où : par une patte, à la gorge, sur le dos, peu lui importe. Il est assez fort, et le sait, pour venir à bout de n'importe quel animal, sauf l'éléphant adulte. Quand les Anglais, occupant alors les Indes, y ont fait rouler les premiers trains, on a vu des tigres bondir sur les locomotives...

Bête tuée, il la porte souvent dans l'eau car — c'est une découverte récente — ce fauve adore se baigner. Et il la mange, quelquefois pas tout entière. Alors, ou bien il reste couché à côté du gros buffle dont il n'a pu absorber que la moitié, ou bien il le recouvre de branchages pour que les vautours n'y viennent pas car il a horreur de leur odeur. Ou encore, il s'en va, mais après avoir griffé la terre tout autour. On pense que c'est une sorte de signature, que cela signifie : « Ce demi-buffle-là est à moi », car les tigres de passage, quand ils voient ces griffures par terre, ne se hasardent pas à finir le buffle commencé.

Mais il y a un rite du tigre qu'on n'est pas encore arrivé à expliquer : quelquefois, il flaire l'odeur de sa propre urine, et, tout de suite, se met à faire des grimaces, à soulever ses lèvres, à montrer les dents, comme quelqu'un qui joue à déformer son visage. Pourquoi ? On n'en sait rien.

Les noces du dindon sauvage

Le dindon, pour nous, c'est ce gros oiseau tout noir ou tout blanc, avec plein de rouge à la figure si c'est un mâle (on appelle cela des « caroncules » et les dindes trouvent que c'est ravissant) qui fait d'interminables « glou-glou-glou » dès qu'il entend du bruit. C'est aussi un rôti à Noël.

Mais le dindon a toute une histoire. Il nous vient d'Amérique, du Texas, plus exactement où, dans la plaine desséchée, les Espagnols l'ont découvert quand Cortez est arrivé là-bas. Ils l'ont baptisé « poule d'Inde » (des « Indes occidentales », comme on appelait l'Amérique) d'où nous avons fait dinde, dindon et dindonneau.

Si vous voulez avoir l'air drôlement savant, révélez que le premier dindon qu'on ait mangé en France fut servi aux fiançailles de notre roi Charles IX.

Sachez aussi que les dindons que nous rencontrons, noirs ou blancs, gros ou petits, sont des races artificielles, fixées par des éleveurs, car le dindon du Texas, le vrai, le sauvage, qui vit encore dans sa prairie et dans ses bois, est rouge brique.

Notre dindon domestique a gardé certaines des habitudes de son aïeul américain. Son goût des voyages, par exemple. Vous verrez parfois, dans les provinces où l'on élève le dindon par grandes bandes, ces troupes se mettre en marche et abattre des kilomètres. C'est qu'au Texas il fallait circuler beaucoup, vu la pauvreté du sol (les dindons ne mangent pas le pétrole) qui obligeait à voyager.

Vous les avez vus danser aussi. Une ronde de dindons mâles qui se regardent, caroncules devenues rouge sang. L'un d'eux fait deux pas en avant, rabat sa queue par terre, entrouvre ses ailes noires pour paraître plus gros, tend le cou, lance un « glou-glou-glou » assourdissant et revient gravement à sa place, bas du bec touchant le jabot gonflé, grotesque comme un gros bourgeois. Un autre exécute la même parade, un autre encore et finalement tous les dindons du cercle ont fait leurs deux pas en avant, baissé la queue, étalé leurs ailes, tendu le cou et glougloûté pour revenir ensuite à leur place, comme si chacun voulait montrer qu'il peut faire mieux que les autres.

Pendant ce temps, les dindes picorent autour d'un petit air indifférent. Ne vous y fiez pas : le dindon qui a le mieux glougloûté, le mieux dansé, aura les faveurs de ces dames. M. Darwin vous dira qu'elles ont raison, qu'ainsi ce sont les mâles les plus forts, les plus dynamiques, qui se reproduisent et que les dindonneaux à venir en profiteront.

Cette danse des dindons (entre nous assez ridicule) n'est qu'un reste du vieux rite nuptial que célèbrent les dindons rouges dans leur prairie natale, coupée de bois où ils se mettent à l'ombre. Mais cette cérémonie est très compliquée.

D'abord, premier temps, quand est venu le moment des amours, on voit tous les dindons faire leur cour à toutes les dindes : et je te tourne autour, et je fais ma roue, et je lance un glou-glou-glou, et je recommence à t'environner de ma corpulence et de mes glou-glou-glou. Tout, à ce moment, n'est que dindons menant leur ballet autour de dindes.

Ça ne va pas plus loin, d'ailleurs. On fait la cour et puis c'est tout. Comme dans un salon de gens bien élevés, à ceci près que cela va durer des jours et des jours. Pas le moindre accouplement, pendant cette première période.

Mais voici que, du bout de l'horizon, superbe, magnifique, arrive « Number One », le caïd. Il n'est pas seul : ses quatre frères l'entourent, comme une garde. Il vient noblement dans la foule des dindons glougloutant-dansant autour de leurs dindes, s'approche de la première et, pas d'histoire, sans autre cérémonial, fait ce qu'il faut pour qu'elle ait des petits dindons. Le dindon qui dansait n'a pas bronché, les quatre frères l'entouraient gravement.

Puis « Number One » passe à la dinde voisine, et recommence : ni bonjour ni bonsoir, rien que les gestes nécessaires, les autres ne bougeant plus, les quatre frères montant toujours la garde. Toutes les dindes vont y passer sans que personne ne proteste. Y aurait-il eu, d'ailleurs, un contestataire imprévu, que les quatre frères de « Number One » auraient tôt fait d'y mettre bon ordre. Quand toutes les dindes ont reçu la visite de « Number One », on se remet à picorer comme si de rien n'était. La fête est finie. Elle a duré un seul après-midi.

Tout cela mérite qu'on l'explique.

Il y a d'abord une raison alimentaire. Il fait très sec là-bas et les dindonneaux mourraient de faim s'ils naissaient par temps de sécheresse. Il faut donc que les dindes aient rencontré le mâle juste le nombre de jours nécessaire pour que leurs œufs éclosent après la pluie. Si on avait laissé chaque dindon — ceux qui dansaient et glougloutaient sans rien faire de plus — rencontrer effectivement sa dinde au moment où cela leur aurait plu à tous les deux, les mariages se seraient faits l'un tel jour, l'autre tel autre, et les dindonneaux seraient nés, les uns au bon moment, juste après la pluie, les autres avant, et seraient morts très vite. Il fallait donc que tous les mariages s'accomplissent le même jour.

C'est ce jour-là que « Number One » est arrivé et qu'il a fait son métier. Comment savait-il ? A certains signes, sans doute, de la prairie, à certaines modifications de son organisme qui l'ont poussé à arriver pour rencontrer toutes les dindes.

Mais alors, pourquoi ces danses qui semblaient ne servir à rien puisque les danseurs, les dindons mâles, n'ont pas été jusqu'au but ? C'est que la dinde ne peut utilement recevoir les marques d'affection du dindon (concrètement, qu'elle ne peut être fécondée) que si son organisme y a été préparé. Les danses, les glou-glou-glou, ont permis cette préparation.

Mais enfin, pourquoi « Number One » lui et pas un autre ? C'est qu'il a su s'imposer.

D'abord, « Number One », quand il est sorti de

son œuf, sous les plumes de Maman Dinde, s'est trouvé au milieu des siens. Un certain nombre de frères, quatre le plus souvent, qui tous (c'étaient des mâles) rêvaient inconsciemment de passer « Number One » de s'imposer, de devenir « dominants ». Il les a rossés consciencieusement, il est devenu patron des jeunes de sa famille.

Ensuite, Maman Dinde, à qui toute la petite troupe obéissait, a mené ses enfants par la prairie. On a rencontré d'autres familles et les jeunes se sont chamaillés. Le « Number One » de chacune voulait rosser l'autre « Number One » qu'il croisait. Notre « Number One » comme les autres. Batailles sérieuses, cette fois, parce qu'on est devenu plus grand, plus fort. Déjà, on peut empoigner du bec les caroncules de l'autre et le secouer comme un panier.

Peu à peu, de bagarre en bagarre, « Number One » s'est imposé. Les autres l'ont reconnu, « dominant ». Non qu'ils lui obéissent dans la vie quotidienne, mais « dominant » pour la grosse affaire des Messieurs Dindons qui est de rencontrer les dindes.

Maintenant, l'ordre règne dans le peuple dindonnier. Songez à toutes les batailles qui se seraient passées si les choses avaient été organisées autrement. Des duels sérieux car, grandi, un dindon est terriblement costaud. Il peut se battre contre un renard, contre un chien. Des rixes qui auraient tué. Pas de ça chez les sages dindons : on s'est expliqué étant jeunes, dans des bagarres qui n'avaient pas plus de gravité que celles de nos cours de récréation et, maintenant, chacun, à sa place, fait ce qu'il faut quand il faut. Les uns dansent et glougloutent pour rendre les dindes réceptives, l'autre termine le travail.

Bien sûr, un jour viendra où « Number One » devra prendre sa retraite, peut-être un successeur l'en convaincra-t-il en lui flanquant une raclée, mais l'essentiel est fait : les dindonneaux qu'il a engendrés naîtront au bon moment, et ils seront les fils du plus grand, du plus fort. Cela nous choque un peu : il faut avouer que les dindons n'ont aucun sens de la démocratie.

La langue moineau

Le moineau, vous connaissez ? Mais savez-vous qu'ils sont arrivés chez nous avec Attila, le roi des Huns ?

Autrefois, les piafs habitaient seulement l'Asie centrale.

Autour des tentes des nomades, à cause de leurs chevaux ou plutôt à cause du crottin. Car un cheval fait du crottin et les moineaux, à l'époque, vivaient en ouvrant ces crottins où ils trouvaient un tas de choses, délectables à leur avis.

Là-dessus, il y a plus de mille cinq cents ans, les nomades d'Asie centrale sont partis pour l'Europe. C'est ce qu'on a appelé les Grandes Invasions. Les moineaux les ont suivis.

Pas pour envahir l'Europe. A cause des chevaux et du crottin. Et voilà nos nomades — c'étaient les Huns — qui se mettent en route vers chez nous, avec Attila, le chef, à leur tête et, derrière, les moineaux... pour le crottin. Ils ont comme cela traversé la Russie, les Karpates, la Bohême, et ils ont passé le Rhin, Attila devant et les moineaux derrière. A cause du crottin.

Cela s'est passé en 431, vos livres d'histoire vous le diront. Alors il y a eu une grande bataille, sainte Geneviève et un général nommé Aétius. Les Huns, battus, sont repartis.

Mais les moineaux sont restés. Parce qu'il y avait des millions de chevaux en France, et qu'ils ont trouvé que le crottin des chevaux français valait bien celui des Huns. Alors ils se sont installés dans nos villes où il y avait tellement de chevaux qu'on trouvait du crottin partout.

Et les siècles ont passé, et il y avait toujours des chevaux dans nos villes, et toujours du crottin et toujours des moineaux qui mangeaient ce qu'ils trouvaient de bon dans le crottin. Le Vᵉ, le VIᵉ, le Xᵉ, le XVIIᵉ, le XVIIIᵉ et le XIXᵉ siècle les uns après les autres. Tout le monde était content, les moineaux à cause du crottin, les gens parce que les moineaux nettoyaient les rues en mangeant le crottin, et parce qu'ils aimaient regarder les moineaux.

Et puis l'auto est arrivée. Les chevaux ont disparu de nos villes, il n'y a plus eu de crottin dans les rues. Alors les gens se sont désolés : — Les moineaux vont s'en aller à la campagne, et il n'y en aura plus dans nos rues et ce sera très triste parce qu'ils sont gentils, ces oiseaux !

Mais les moineaux sont restés... Ils ont stupéfié les savants : ils ont changé de nourriture. Il n'y avait plus de crottin ? Bon, ils mangeraient des miettes.

C'est ainsi que les piafs se sont installés dans nos squares et nos jardins publics. Là où les gens vont croquer un sandwich. Et ils ont mangé les miettes qui tombaient et puis les gens se sont habitués à leur jeter des petits morceaux de pain.

C'est pour cela que, maintenant, dans nos villes, les moineaux logent dans les squares et les jardins publics, où, si on est très paresseux, on peut les regarder vivre.

Car regarder vivre une bête, c'est rester pendant des heures et des heures à ne rien faire, pour bien voir ce qu'elle fait. Il faut être remarquablement paresseux pour cela, mais cette paresse a eu des résultats. Car on a fini par apprendre la langue des moineaux dont je vais vous dire quelques mots.

C'est compliqué, vous savez, parce que, quand un animal pousse un certain cri, c'est dans un cas précis. Pas autrement. Alors, pour savoir ce que veut dire ce cri-là, il faut voir quand il a été lancé, et pourquoi. Si on ne le sait pas, on entend des « cui-cui » sans comprendre ce qu'ils veulent dire.

Vous voulez un exemple ? Regardez, en janvier, les murs couverts de lierre qu'on trouve autour des squares. Vous verrez souvent un moineau installé dans ce lierre, et qui lance des cris en « Tchirp ». On dit qu'il « tchirpe ».

Regardez-le bien. Il est brun, avec une petite gorge blanche et une calotte noire sur sa tête de moineau. C'est un mâle. Jamais vous ne verrez tchirper une femelle, qui est toute brune.

Et savez-vous pourquoi il tchirpe ? C'est qu'à son avis, cet endroit-là du lierre sera tout à fait commode pour y installer un nid. Or il a envie de se marier : c'est un mâle. Et se marier, chez les moineaux, c'est vivre à deux, construire un nid où la femelle pondra et où on élèvera les petits. Alors il tchirpe.

Son tchirp a trois sens. Cela veut dire : « Ce coin-là du lierre est à moi. Je casserai la figure au premier moineau mâle qui voudra me le prendre. Mais si une dame moineau veut bien s'y installer avec moi, ça peut s'arranger »...

Une dame moineau, passant par là, entendra ce tchirp, viendra voir si l'endroit est bon pour faire un nid (car c'est elle qui le construira) et, si le coin du lierre lui plaît, elle y restera, prenant en somme l'appartement avec le mari par-dessus le marché. Ensuite ils vivront ensemble, elle l'aidera à défendre le coin de lierre contre les autres, elle construira le nid, elle y pondra, elle couvera les œufs et ils auront des petits moineaux qu'ils nourriront à deux.

Voilà ce que veut dire le « tchirp » des moineaux. C'est le premier mot de leur langue. Il y en a beaucoup d'autres mais je vais vous en apprendre deux que peu de gens connaissent.

Attendez l'été, quand les nichées sont élevées, et installez-vous dans un jardin public, sur une chaise, en vous arrangeant pour qu'il y ait, pas loin de vous, un arbre et une haie. Il y a toujours des arbres et des haies, dans les jardins publics.

Vous vous asseyez sur la chaise, vous ouvrez votre journal parce que l'expérience va durer des heures, et vous commencez à faire tomber par terre des miettes du morceau de pain que vous avez apporté. Dans quelques minutes, il y aura un tapis de moineaux à vos pieds, qui picorent vos miettes.

A ce moment, prenez votre journal et faites-le passer au-dessus des moineaux, d'un geste large, comme si vous vouliez le jeter. Cela leur fera peur, ils s'envoleront. Mais ils crieront et leur cri sera un « gur-gur ». Et ils fileront se cacher sous la haie.

Pourquoi ont-ils crié « gur-gur » et pourquoi ont-ils filé sous la haie ? C'est qu'en faisant passer votre journal au-dessus de leurs têtes, vous avez imité l'attaque de l'épervier, qui est l'ennemi public n° un des moineaux et qui vole en rase-mottes raflant un oiseau au passage avec ses serres. « Gur-gur », chez les moineaux, est le cri d'alerte à l'épervier. Ils sont allés sous la haie, où l'épervier ne peut pas les prendre.

Bien. Maintenant, attendez le temps qu'il faut, jusqu'à ce qu'un chat arrive. Il y a toujours des chats, dans nos squares. A un moment ou à un autre, ce chat aura envie de manger du moineau. Mais c'est difficile, pour un chat, d'attraper un piaf. Il fait ce qu'on appelle sa « marche d'approche ». Vous savez, on dirait qu'il se prend pour un tigre : pattes écrasées près de terre, rampant presque, l'œil fixe et la queue fouettante, il s'approche de vos moineaux pour sauter sur le premier qui sera à sa portée.

Alors, regardez vos moineaux, et écoutez-les bien : un d'entre eux verra le chat, en une seconde toute la bande s'envolera en criant « che-che-che », et ils fileront vers une branche de l'arbre qui est près de vous.

Pourquoi ? C'est que « Che-che-che » est, chez les moineaux, le cri d'alerte au chat. Ils ont volé dans les branches de l'arbre où le chat ne peut pas les attraper. S'ils étaient allés sous la haie, comme quand ils ont eu peur d'un épervier, le chat aurait pu les attraper.

Voilà les deux mots de la langue moineau que je voulais vous apprendre. Il y en a beaucoup d'autres et vous pourrez peut-être en découvrir de nouveaux, que personne ne connaît, si vous êtes assez paresseux pour passer des heures et des heures sur une chaise, dans un square, à les regarder et à les écouter.

L'intelligence des moineaux

On n'en a jamais fini, avec les piafs... Voilà une autre histoire.

Elle prouve que, selon qu'on est plus ou moins gentil avec eux, les moineaux sont plus ou moins intelligents...

C'est une expérience qu'on peut tenter à Paris, mais elle réussit partout ailleurs, à condition qu'il y ait des enfants et des fonctionnaires. Je vous raconterai l'expérience de Paris.

Allez aux Tuileries, dans la partie où le jardin s'enfonce entre les deux grands bâtiments du Louvre. D'un côté, c'est le Musée, de l'autre le ministère des Finances. C'est là qu'il faut s'installer : sous les fenêtres où ces Messieurs du Fisc calculent nos impôts. Il y a là un grand mur couvert de lierre. Une bande de moineaux loge dans ce lierre au moment des nids, et reste dans le coin toute l'année.

Bon : une fois arrivé, vous guettez les moineaux qui s'empoussièrent, picorent, se chamaillent, bref vaquent à leurs petites affaires de moineaux. Vous vous approchez doucement, et, quand vous êtes tout près, vous vous plantez debout, les jambes légèrement écartées, la main droite pendante et le bras gauche noblement tendu en l'air, paume ouverte vers le ciel, un peu dans l'attitude d'une statue représentant un héroïque général montrant à ses soldats la forteresse qu'il faut attaquer.

Vous aurez l'air idiot ? Aucune importance. En tout cas, ça ne frappera pas les moineaux, par terre. Peut-être l'un ou l'autre lèvera-t-il la tête en la penchant sur le côté pour mieux vous voir, puis il retournera à ses occupations. Ne vous demandez pas ce qu'il pense. Peut-être se dit-il qu'il a vu un fou...

En tout cas, les autres ne s'occuperont absolument pas de vous. Ils picoreront, s'empoussiéreront, se chamailleront comme si vous n'étiez pas là. Et cela durera jusqu'à ce que la crampe vous oblige à baisser le bras.

Cela fait, vous traverserez les Tuileries et, à la station Concorde, vous prendrez le métro jusqu'à Montmartre. Pas celui des boîtes de nuit : il faut aller dans les escaliers qui grimpent entre leurs pelouses jusqu'au Sacré-Cœur. Vous trouverez là tout un peuple de moineaux.

Montez une trentaine de marches, mettez-vous au bord et reprenez la position de tout à l'heure : debout, jambes un peu écartées, une main dans la poche, l'autre bras tendu paume en l'air, vers l'est, vers les Buttes-Chaumont par exemple. Vous aurez toujours l'air idiot mais le résultat sera absolument différent.

Moins de trois minutes après que vous aurez pris l'attitude héroïque, des moineaux arriveront vers vous. Les uns par terre, en sautillant, les autres en volant. Ne bougez surtout pas ; dans un instant, un piaf se posera sur votre main, et puis un autre...

Voilà toute l'expérience : d'un côté les moineaux n'ont pas bronché, de l'autre ils sont venus sur votre main. Pourquoi ?

C'est très simple : il y a toujours des foules d'enfants, dans les escaliers de Montmartre. Des enfants qui donnent des miettes aux moineaux en restant debout, bras tendu et main ouverte pour que les piafs viennent y picorer. Les moineaux le savent et vont se poser sur ces mains.

Tandis que Messieurs les fonctionnaires des Finances, les moineaux ils s'en moquent ! Trop de travail pour s'occuper des oiseaux : ils calculent nos impôts. Alors les moineaux des Tuileries ne savent pas ce que cela veut dire, un Monsieur qui a le bras en l'air.

Ce qui prouve deux choses. D'abord que les enfants sont plus gentils que les agents du Fisc, ensuite que, là où on est gentil avec eux, les moineaux arrivent à comprendre des choses qu'ailleurs ils ne comprendraient pas. Donc que leur petite intelligence peut se développer...

Le langage secret des chats

Votre chat, vous le connaissez et il vous connaît mieux encore.

Car il vous regarde vivre encore plus attentivement que vous ne l'observez. Vous n'imaginez pas le nombre de choses qu'il sait sur vous. Quand vous êtes triste, par exemple, il vient se faire câliner comme pour vous consoler.

Comment a-t-il deviné votre tristesse ? A des signes infimes dont vous n'avez pas conscience : tel geste, tel aspect du visage. Peut-être à votre odeur qui se modifie.

Car il y a un langage des odeurs que nous avons complètement oublié depuis que notre cerveau s'est transformé. Les animaux l'ont gardé, les chiens surtout mais c'est une autre histoire.

Il y a certainement, par exemple, une odeur de la peur et les dompteurs de fauves le savent bien, qui me défendent d'entrer dans la cage de leur tigre si je leur avoue qu'il m'impressionne et me le permettent s'ils me voient tout guilleret. Le chat sent, c'est probable, des différences dérisoires dans l'odeur que vous émettez. Le formidable, c'est qu'en apprenant ainsi que vous êtes triste ou malheureux, il soit venu vous consoler. C'est la preuve qu'il vous aime.

Et voulez-vous savoir à quoi on reconnaît qu'un chat est heureux ? S'il parle... Si, quand vous lui adressez la parole, il vous répond, c'est qu'il s'entend bien avec vous, donc que tout va bien pour lui.

Mais attention ! le chat parle d'un tas de façons. Vous connaissez ses miaulis. Celui qui s'arrête à mi-gorge, le demi-miaulement qui le laisse la bouche ouverte est, selon les cas, un bonjour ou une demande. Si votre chat miaule ainsi devant une porte fermée, c'est pour sortir. Si c'est la porte du frigo, pour manger. Vous l'avez aussi vu cracher pour montrer sa grande colère. Tout cela est l'a.b.c.

Mais comment et pourquoi ronronne-t-il ? Ce ron-ron est produit par d'autres cordes vocales que les miaulis, et signifie la « satisfaction sociale ». En bon français, que le chat se sent socialement bien, qu'il se trouve à sa place dans la société que vous êtes pour lui. Un chat peut parfaitement, blessé, souffrir horriblement et ronronner quand même, s'il est dans les bras du maître qu'il aime.

L'étonnant, c'est que nos chats miaulent ou ronronnent si souvent car, sauvages, ils sont très silencieux. S'ils faisaient du bruit, dans leur forêt ou leur savane, tout le monde saurait qu'ils sont là, et adieu gibier.

Sans doute ont-ils fini par s'apercevoir que nous

étions un peu idiots, que nous ne comprenions rien au langage des odeurs ou des gestes, qu'il fallait nous « parler » comme nous parlons entre nous. Alors ils se sont mis à « parler », à miauler-ronronner.

Les plus éloquents sont évidemment les siamois qui tiennent des discours. Les persans sont moins causants mais, en règle générale, tout chat qui répond quand on lui parle est un chat qui se sent bien avec son maître, un chat heureux.

Encore faut-il savoir le « lire ». Car il ne s'exprime pas seulement en miaulant. Ses moindres gestes ont un sens. Voilà un exemple simple : votre chat somnole, couché en rond. Vous lui parlez. Il ne bouge pas d'un poil mais le bout, juste le bout, de sa queue a remué. Cela veut dire : « Bien entendu, merci, ne me dérangez pas. »

Ce langage par gestes, qu'on trouve d'ailleurs chez tous les animaux, est particulièrement apparent quand vous introduisez un nouveau chat dans l'appartement où le vôtre est chez lui. Mais il faut, pour comprendre ce qui va se passer, savoir d'abord comment il vit, sauvage. Car il a, malgré cinq mille ans de domestication, conservé certaines de ses habitudes d'autrefois.

Sauvage, le chat vit seul, dans un territoire dont il a marqué les limites et les moindres objets — les arbres, les rochers — par son odeur et cela suffit pour empêcher les autres chats d'entrer « chez lui ». Il a conservé cette habitude : apportez un nouveau meuble chez vous, il s'y frottera le cou. Ouvrez une valise, il s'y installera. C'est pour y déposer son odeur à lui, exprimer : « Ce meuble, cette valise sont à moi, puisqu'elles sont chez moi. »

Car, pour lui, votre appartement est le sien : son domaine, son territoire. Il remplace le terrain de chasse qu'il aurait, en forêt. Vous êtes un co-locataire, voilà tout. Un co-locataire commode, qui donne à manger et caresse, mais pas plus. C'est pour cela que, chaque jour, le chat fait le tour de votre/son domicile comme s'il en découvrait chaque meuble. Il visite son territoire comme il arpenterait, sauvage, son bois. C'est pour cela aussi qu'il est tellement mécontent quand vous déménagez. Tout ce qui faisait sa vie disparaît, remplacé par un autre territoire, d'autres choses.

Alors, quand vous l'introduisez dans une pièce où il n'a jamais mis les pieds, il fait exactement ce qu'il ferait en forêt : il se cache, file sous un meuble. Là, pendant des heures, ce chat va regarder, écouter, sentir ce qui se passe, tâcher de comprendre comment vont les choses et les gens de cet endroit inconnu. C'est seulement quand il se sera bien renseigné que Minet sortira de sous le lit et commencera, circonspect, son inventaire.

Voilà donc votre chat installé. Il vit tout seul avec vous, le quotidien s'organise. Tout ira bien si tout se passe aux mêmes heures et dans les mêmes circonstances, car il a besoin d'habitudes, comme toutes les bêtes. Faire la même chose au même endroit et au même moment lui donne conscience d'exister, je pense.

Quand tout s'est ainsi stabilisé, vous pouvez tenter l'expérience qui vous en apprendra long sur le langage « gestuel » des chats. Introduisez un chat étranger. Je dis bien un chat mâle, si le vôtre l'est aussi. Castrés ou non, peu importe, les rapports sociaux sont les mêmes pourvu qu'ils soient l'un et l'autre dans le même cas et adultes tous les deux. Car, avec une chatte ou un chaton, tout change.

Vous apportez le chat étranger dans la pièce où se trouve le vôtre, vous le posez par terre et vous vous mettez dans un coin.

Le vôtre se dresse, superbe, tête haute, prenant l'air du lion qui règne sur sa savane. Il s'approche du visiteur. L'autre, tout humble, queue pendante, baisse un peu la tête et se couche. Le vôtre s'allonge à deux mètres et regarde fixement l'intrus qui, lui, détourne les yeux. Pas un mot, pas un miaulis, rien que ces deux chats couchés, l'un fixant et l'autre regardant de côté.

Qu'est-ce que cela veut dire ?

Tout un dialogue muet. Votre chat, parce qu'il est chez lui, signifie par son attitude fière et choquée à peu près ceci :

— Hein ? Que venez-vous faire ici ? Je suis maître de cette maison.

Et l'autre, par son comportement timide, dit :

— Excusez-moi, ce n'est pas ma faute. C'est l'autre idiot, là-bas, qui m'a apporté. Vous savez, je ne demande qu'à m'en aller mais voyez (il tourne la tête vers l'entrée) ce crétin-là a fermé la porte. En tout cas, vous êtes mon « dominant », monsieur...

De grands moments passeront ainsi, chats s'entreregardant. Si par hasard vous ouvrez la porte, le visiteur filera sans demander son reste. Mais vous aurez eu le temps, examinant — au besoin filmant les deux personnages, — de comparer, morceau par morceau, leurs attitudes. Vous découvrirez des différences infimes dans la position de l'épaule, du dos, de la queue, qui toutes ont leur signification. Le chat qui est chez lui signale à l'autre sa « dominance », l'autre accepte d'être inférieur et le « dit » par sa façon de se tenir.

Mais il peut arriver que le visiteur se sente bien plus fort que son hôte et (c'est essentiel) plus combatif. Alors il s'approchera, tête haute, l'œil fixe et la queue raidie (elle fouettera s'il y a bataille) et flairera le vôtre sur le dos. C'est affirmation qu'on est supérieur, en langue chat. Regardez bien la suite.

Le chat-qui-est-chez-lui, dominé par son visiteur quoiqu'il soit dominant normalement (puisque dans son domaine), va reculer jusqu'à une encoignure. Là, il se laissera tomber du train avant, tête regardant l'adversaire, puis du train arrière. Le voilà sur le dos. Exactement le « geste de soumission » des chiens ou des loups entre eux. Se soumet-il lâchement, sans combat ? C'est le contraire !

L'autre s'éloigne et, si fier il y a un instant, reprend l'attitude normale. Que s'est-il passé ? C'est qu'en se mettant sur le dos, le « chat-qui-est-chez-lui » est devenu invincible, quel que soit le chat qui l'attaque : quatre pattes prêtes à griffer au lieu d'une... Le visiteur-dominant a compris que son hôte acceptait la bataille, se mettait en garde. L'influence du lieu a joué : ce visiteur, hors de chez lui, ne pouvait pas montrer le dynamisme qu'il aurait eu ailleurs. Il a cédé à toute l'explication silencieuse que lui a donnée son congénère.

A vrai dire, il faudrait un romancier, pour dire les nuances du comportement-chat. Restons dans des données élémentaires : les oreilles couchées complètement sur le crâne signifient colère car, ainsi placées, elles ne peuvent être griffées. C'est un geste de mise en garde, dans le sens des boxeurs.

Simplement ramenées vers l'arrière, elles veulent dire « Non... ». Offrez à un chat un morceau qui ne lui convient pas, il le refusera des oreilles.

Si c'est tout le plat qui lui déplaît et que ce plat est par terre, il manifestera sa réprobation en esquissant le geste de ramener de la terre sur ce plat avec une de ses pattes de devant. Comme si c'était un excrément.

Le chat qui vous tourne délibérément le dos, assis, manifeste aussi son mécontentement. Plus exactement, ce qu'il vous voit faire lui déplaisant, il se détourne « pour ne pas voir ça ».

Naturellement, tous ces gestes-à-signification varient de chat à chat : le persan est plus calme (plus difficile à « lire » surtout) que l'européen. Quant au siamois, c'est le plus merveilleux animal de la création, mais c'est aussi un névrosé. Entre ces limites, tout est possible, d'autant plus que le comportement d'un chat varie aussi avec l'inconscient de son maître dont il est le reflet.

C'est pourquoi, parce qu'il y aurait trop à dire, je finirai par le compte rendu d'une expérience scientifique qui a confirmé la vérité d'une légende dont les savants se moquaient.

Tout le monde, depuis des dizaines d'années, a entendu ces histoires de chats perdus loin de chez eux et qui y sont revenus à pied, faisant des voyages invraisemblables : plusieurs centaines de kilomètres parfois.

Les zoologues en riaient : ces « retours au gîte » sont, zoologiquement, impossibles. Car le chat, s'il se promène librement dans son territoire, agit beaucoup plus prudemment dès qu'il en sort : il progresse de quelques mètres, marque son passage en se frottant contre un objet, meuble, rocher ou n'importe quoi, ce qui y laisse un peu de son odeur et, pour revenir, remonte ainsi ses repères à la manière des fourmis. Une telle façon de se promener quand on est hors de chez soi interdit évidemment les « retours au gîte ». Pourtant, il y avait tellement de témoignages...

C'est alors que le professeur Leyhausen, spécialiste des chats, a tenté une expérience curieuse.

Il prend dix chats dans ses laboratoires de Tübingen, les met dans dix paniers octogonaux dont chaque panneau comporte une porte coulissante qui s'ouvre vers le haut, charge le tout dans une camionnette, roule pendant cent kilomètres, sort les paniers, les met côte à côte dans un champ, fait ouvrir les quatre-vingts portes en même temps. Rien ne se passe. Les chats réfléchissaient sans doute.

Puis, un à un, tous sont sortis, chacun ayant choisi la porte qui « donnait » vers les laboratoires de Tübingen, leur domaine qu'ils s'apprêtaient ainsi à rejoindre à pied, se mettant dès le départ dans la bonne direction. Pourquoi ? Comment ? Leyhausen se le demande encore...

L'alliance des gnous et des zèbres

C'est une histoire d'alliance entre animaux d'espèces différentes. Elle se passe dans la savane du Kenya.

Il y a là des foules de bêtes et, parmi elles, des zèbres, que vous connaissez, et des gnous, qui sont de grosses antilopes à tête de cheval, cornes de bœuf très pointues, et arrière-train de mulet. Pas très jolies, mais astucieuses.

Or, regardez les photos, les films et, si vous êtes allés au Kenya, souvenez-vous : on trouve toujours les gnous et les zèbres ensemble. Pas de troupeau de zèbres sans gnou, pas de bande de gnous sans zèbre.

Ce qui surprend. Ces deux animaux broutent l'herbe. Donc ils devraient se faire concurrence. S'éviter, par conséquent. Au contraire ils cohabitent.

C'est qu'ils ne mangent pas le même morceau d'herbe. L'un broute le haut, l'autre le bas. Pas de concurrence, la cohabitation est possible. Mais pourquoi se recherchent-ils ?

C'est qu'ils ont les mêmes ennemis : les fauves, le lion, l'hyène, le lycaon, un grand loup à hautes pattes dont les bandes traînent par la savane. Or il se trouve que les gnous postent toujours des guetteurs.

Regardez bien paître un troupeau de gnous. Vous verrez toujours, sur un tertre, une éminence, un endroit un peu plus élevé que les autres, quatre gnous immobiles, en croix, derrières se touchant, têtes tournées de chaque côté de l'horizon qu'à eux quatre ils voient tout entier. Ils ne bougent pas, ne broutent pas, ne font rien. Ils regardent, ils surveillent. Dès que l'un des quatre a vu, là-bas, arriver un lion, une panthère, une hyène ou des lycaons, il détale, ses trois copains avec lui et tout le troupeau à leur suite, qui ne bougerait pas d'une patte si un gnou ordinaire avait pris le galop. C'est ainsi que les gnous évitent d'être mangés.

Les zèbres ont dû finir par l'apprendre et comme, eux aussi, redoutent le lion, la panthère, l'hyène et le lycaon, ils ont pris l'habitude de rejoindre les troupeaux de gnous pour profiter de leur système de guet et s'enfuir avec eux en cas de danger.

Mais pourquoi les gnous vont-ils rejoindre les troupeaux de zèbres ? Pour une raison plus subtile.

Le zèbre, comme notre cheval, sent les plus infimes variations de la pression atmosphérique. Quand un orage menace, les chevaux piaffent. Les zèbres sont plus sensibles encore. Si la pression baisse quelque part dans la région, ils le savent.

Or une baisse de pression, cela annonce la pluie, la formidable pluie des tropiques. Et une pluie, c'est de l'herbe fraîche. C'est-à-dire, pour ces brouteurs de prés, une aubaine. On va pouvoir manger !

Pleut-il à des kilomètres de l'endroit où zèbres et gnous essaient mélancoliquement de manger l'herbe roussie de sécheresse ? Les zèbres se mettent en route pour rejoindre l'endroit, et les gnous les suivent, bien tranquillement. Les zèbres, pour eux, c'est l'Office national météorologique qui leur annonce où il pleuvra...

Voilà pourquoi zèbres et gnous vivent ensemble. Chacun y trouve son compte...

Le M.L.F. des nandous

Lisez cette histoire si vous êtes pour le M.L.F. Si vous êtes contre aussi d'ailleurs, car je ne sais trop qu'en penser.

Il s'agit de nandous, ces grosses autruches à plumes noires qui hantent les pampas d'Amérique du Sud. Leur vie est drôlement organisée...

D'abord, dans la pampa, vous voyez un mâle qui picore bien tranquille, trouvant de quoi manger dans les herbes. Tout va bien pour lui. Mais voici qu'une troupe arrive. Une troupe de nandous femelles. Il lève la tête, les voit. Pousse-t-il un soupir résigné ? Je n'en sais rien mais il aurait raison. En tout cas, son premier geste, en voyant survenir ces dames, est de creuser un trou dans la terre.

Elles arrivent, elles l'entourent. Ce sont des filles, il est garçon... Tout va se passer normalement entre eux à ceci près que, s'il refusait de féconder l'une d'entre elles, il serait rossé sévèrement.

Passons... Tout se calme, on recommence à picorer par terre, en bande cette fois. Arrive le temps où les œufs vont venir. Alors chaque nandoute va vers le trou que le mâle avait creusé, y pond tranquillement. Le pire va arriver.

Savez-vous ce qu'elles font, ces drôlesses, chacune après avoir pondu ? Elles s'en vont ! Parfaitement ! Elles le laissent tout seul avec leurs œufs. Et c'est lui, le malheureux, qui devra les couver, lui qui devra élever les petits nandoutons, les conduire par la pampa pendant des semaines et des semaines. Lui qui devra s'occuper de tout. Vous ne m'enlèverez pas de l'idée qu'il y a dû y avoir, autrefois, un M.L.F. des nandoutes et qu'elles ont décidé que ça allait comme ça, de toujours couver et élever les petits, que les hommes pourraient bien s'en charger.

Le pire — ou le plus merveilleux — c'est qu'il l'accepte, ce nandou ! Qu'il est content d'élever ses petits, qu'il y tient.

Un jour, dans un zoo d'Argentine, où, dans un très grand parc herbeux, on élevait des nandous, un zoologue a eu l'idée de prendre les œufs que ces dames avaient déposés dans le nid collectif et de les confier à une dinde.

Vous savez comment c'est, les dindes : ça couve n'importe quoi... La dinde a couvé les œufs de nandous, ils ont éclos, elle les a menés dans sa partie d'enclos comme elle aurait mené ses dindonneaux ou comme elle conduit, chez nous, les poussins sortis des œufs de poule qu'on lui a donnés à couver.

Pendant ce temps, de l'autre côté du grillage, le père nandou tempêtait. Il allait de droite à gauche, donnait des coups de bec aux grilles, criait des insultes en nandou.

On a ouvert la porte, le père nandou s'est précipité, il a flanqué une raclée à la dinde et il est parti, tout fier, avec ses petits nandous derrière lui...

Concluez-en ce que vous voudrez...

La politesse chez l'hippopotame

On sous-estime l'hippopotame. Parce qu'il passe ses journées entières dans l'eau, sans trop bouger, on a tendance à le croire un peu sot. Ce qui est faux.

D'abord, il faut savoir que les hippo quand ils mangent pendant la nuit parce qu'alors il fait moins chaud, ont chacun leur territoire. Un domaine en forme de poire, qui débouche sur le fleuve par une entrée étroite et va s'élargissant. Là, chaque hippopotame, maître chez lui, ne tolère la présence d'aucun congénère. Un seul cas : quand la mère hippo a son petit, elle y vit avec lui jusqu'au moment où il ira rejoindre ses camarades, passer ses journées à l'eau et ses nuits à brouter les herbes.

Il faut savoir aussi que, quand les hippopotames bâillent si largement, ce n'est pas qu'ils s'ennuient. Bâiller, chez eux, c'est montrer des dents énormes, cylindriques, jaunâtres. C'est menacer.

Mais l'essentiel du charme hippopotame, c'est leur exquise politesse. Tout un rite de courtoisie, chez eux, règle les rapports entre mâle et femelle. Car, outre le fleuve et les domaines de chacun, les hippopotames ont, sur le sable du rivage, leurs salons, leurs lieux de réunions.

Vous y verrez parfois des dizaines d'hippo debout rassemblés côte à côte. Regardez bien : il n'y a que des femelles, dans ces groupes. Mais, si, au milieu des dames hippopotames campées sur leurs grosses pattes, vous voyez un animal qui reste couché, ne croyez pas qu'il est malade. C'est un mâle.

Car les mâles n'ont le droit d'entrer dans le groupe des femelles qu'à condition de se coucher aussitôt sur le sable. Quand on pèse quatre mille kilos, c'est une contrainte sévère. Pourtant, le mâle s'y plie, sachant d'ailleurs que s'il avait l'audace de se lever, il serait aussitôt chassé. C'est cela, la politesse des hippopotames.

Pourquoi ce rite ? Il suffit de réfléchir pour comprendre. Un mâle couché sur le sable ne peut matériellement pas importuner une femelle de ses assiduités. Debout, tout est possible. Il peut se tenir mal et c'est toujours gênant de se débarrasser d'un goujat, quand il pèse quatre tonnes.

Mais que fait-il, couché, cet hippo ? C'est simple : il examine les dames, regarde celle qui lui plaît, échange avec elle des regards éloquents, lui manifeste, par telle inclinaison de la tête, par tel plissement de son énorme peau, qu'elle est vraiment charmante. Le tout en silence ? Rassurez-vous, elle doit comprendre... Le reste s'accomplira dans la nuit, sur le territoire de l'un des deux. Mais les convenances ont été sauvegardées et « ces jeunes gens ont pu faire connaissance », comme disent les douairières.

Le roi des pigeons de Paris

Chaque ville est fière de ses pigeons. Ceux de Venise sont célèbres dans le monde entier à cause pigeons de Paris.

Ce sont de braves bizets, gris avec des raies noires, patauds quand ils sont par terre avec leurs airs de bons bourgeois en promenade, passant leur temps à picorer et à faire la cour aux filles — aux filles pigeon — en tournant autour d'elles avec des « coulou-coulou » à mi-gorge.

Mais ils n'ont pas toujours habité Paris. Autrefois, avant que l'homme arrive, les bizets nichaient dans les rochers des falaises. Et puis nous sommes venus, nous avons construit des villes avec de grandes maisons en pierre et les bizets qui passaient par là ont trouvé que le haut de ces façades donnait des rochers très acceptables pour y mettre leurs nids. Ils se sont installés dans nos villes où, en plus du logement, ils trouvaient de quoi manger sans peine, à cause de nos restes.

Et les siècles ont passé, pigeons nichant, couvant et élevant leurs pigeonneaux, Parisiens se mettant à les aimer parce que, dans la pierraille de leur ville, ces oiseaux mettaient un peu de tendresse. Nous leur jetions des miettes, tout le monde était content.

Cela a duré jusqu'à ce que M. Malraux s'aperçoive que Paris était sale et fasse nettoyer ses façades. On l'a fait, mais on a découvert que les pigeons les salissaient terriblement. Car cela mange, un pigeon, et ensuite cela digère et les résultats de cette digestion finissaient par faire d'horribles traînées blanchâtres sur les statues.

Que faire ? On ne pouvait tout de même pas empêcher les pigeons de digérer où ils voulaient. Les tuer ? Vous auriez provoqué une émeute. Alors les techniciens se sont dit que, s'il y avait moins de pigeons qui digèrent, cela ferait moins de salissures. Et ils ont calculé que les monuments de Paris pouvaient, sans être dégoûtants, supporter la présence de trois cent mille pigeons (par exemple).

Or il y en avait beaucoup plus, et davantage chaque année : un couple de pigeons donne deux pigeonneaux par couvée et trois ou quatre couvées par an. Calculez un peu ce que trois cent mille pigeons, cent cinquante mille couples, peuvent devenir en cent ans...

Il fallait donc, d'abord, débarrasser Paris d'un certain nombre de ses pigeons, sans les tuer.

Les endormir en leur jetant des graines pleines de somnifère, les prendre au filet une fois abrutis, les mettre en cage, les transporter jusque dans une forêt loin de Paris ? Ils seraient revenus en deux jours parce que le pigeon rentre à la maison quand on l'en éloigne. Les éleveurs de pigeons voyageurs le savent bien.

Mais on savait aussi qu'il y a un cas où le pigeon ne revient pas. C'est quand on l'a transporté ailleurs avec sa pigeonne, qu'ils ont pondu, couvé et élevé une nichée. Cela leur prend deux mois mais, après, ils restent sur place.

Alors, la Ville de Paris s'est entendue avec d'autres villes qui n'avaient pas de pigeons. Elle leur a fourni des volières, elle a endormi des foules de pigeons, elle les a mis en cage, transportés jusqu'à ces volières où on les a enfermés. Là, les messieurs pigeons ont épousé les dames pigeonnes, ils ont pondu, couvé et élevé leurs petits et, quand les pigeonneaux ont su voler, on les a lâchés. Ils sont restés là. Paris n'avait plus que les trois cent mille pigeons (par exemple) que ses monuments pouvaient supporter.

Mais Paris n'était pas au bout de ses peines. Ces damnés pigeons se reproduisaient... Il fallait un remède. On a regardé ce qui se passait ailleurs.

A Genève, où les pigeons posaient le même problème, les Suisses avaient trouvé depuis longtemps une solution astucieuse, parce qu'ils adorent la propreté : ils avaient fabriqué des nichoirs, leurs pigeonnes allaient y pondre et, ponctuellement, des fonctionnaires visitaient les pigeonniers et cassaient les œufs. Comme ça, le nombre des pigeons genevois n'augmentait pas.

Mais imaginez-vous cent cinquante mille nichoirs à pigeons sur les toits de Paris ? Ç'aurait été affreux et cela aurait coûté très cher.

C'est alors que l'Administration de la Ville de Paris a nommé un Roi des Pigeons.

C'est un haut fonctionnaire qui loge à l'Hôtel de Ville, et il sait tout, mais là absolument tout, sur les pigeons ses administrés. Puisqu'on ne pouvait pas employer le truc des Genevois, le Roi des Pigeons a décidé de trouver autre chose. Il a mis les zoologues au travail, puis les chimistes, et finalement ces savants ont trouvé une drogue qui, quand une pigeonne l'avale, lui fait pondre des œufs clairs. Des œufs qui n'écloront pas.

Restait à faire manger cette drogue aux pigeons. On a pris des graines qu'ils aiment, on les a un peu élimées, usées, à la machine, on les a trempées dans la drogue. Comme cela, ces graines avaient le même aspect que si elles étaient naturelles. On les a jetées aux pigeons.

Il faut faire cela très tôt, le matin. Quand le soleil se lève. Parce que c'est à ce moment-là que les pigeons, qui ont dormi toute la nuit, ont le plus d'appétit. C'est pourquoi, à l'aube, on voit des fonctionnaires reconnaissables à leur casquette aux armes de Paris, qui jettent des graines aux pigeons. Ils leur font prendre la pilule...

Tout a très bien marché. Les messieurs pigeons ont continué de faire la cour aux dames pigeonnes, les couples de pigeons se sont formés très normalement, les pigeonnes ont pondu comme il fallait, les ménages ont couvé les œufs selon la coutume mais il n'y a pas eu de pigeonneaux au bout. Les pigeons ne s'en sont pas émus. Ils avaient des œufs clairs ? Cela arrive, voilà tout.

Et le Roi des Pigeons continue de régner sur son peuple dont la population ne se développe que s'il le permet et là où il l'autorise, en supprimant les distributions de pilules. Il sait, ce Roi, que la tour Saint-Jacques a droit (par exemple) à dix-huit couples et l'Académie française à trente, sans que leurs façades et leurs sculptures se salissent. Si bien que tout le monde est content : les Parisiens parce qu'ils aiment bien leurs pigeons et les pigeons parce qu'ils n'ont rien compris.

Les pigeons et le Président de la République

Voilà encore une histoire de pigeons mais celle-là, je l'ai vécue moi-même. Le 20 mai 1974, exactement. Je sais si bien la date parce que, la veille, monsieur Giscard d'Estaing avait été élu président de la République.

Comme tous les matins, je vais faire un tour aux Tuileries et savez-vous ce que je trouve, près du grand bassin rond qui est tout près du Louvre ? Sept canons... Des canons de 75, braqués, prêts à tirer. On n'a pas l'habitude de voir de l'artillerie en bataille, dans Paris...

Je m'approche de l'officier qui semblait commander ces canons, et je lui demande s'il va bombarder la Concorde ou si c'est l'Arc de Triomphe qu'il s'apprête à démolir.

Il me répond que ses intentions sont tout à fait pacifiques, que ses 75 sont chargés à blanc et qu'il est là pour tirer cent un coups de canon à onze heures juste parce qu'à ce moment-là le nouveau président de la République entrera en fonctions et que c'est la coutume.

Rassuré, je continue ma promenade dans les Tuileries, j'arrive à l'autre bassin, celui qui est près de la Concorde et là, je vois un spectacle abominable. Des gens, des hommes, lançaient des graines aux pigeons, les pigeons les mangeaient et pouf ! ils tombaient par terre, endormis. Ensuite, ces hommes les ramassaient et les mettaient en cage.

Mon sang n'a fait qu'un tour. Pas de doute, ces salauds-là endormaient les pigeons pour les livrer ensuite aux « tirs au pigeon vivant » ces tueries scandaleuses où des fusillots s'exercent à fusiller les oiseaux qu'on lâche et qui vont, ensuite, crever sous un buisson. Je me précipite, je hurle, je tempête, je menace ces gens de la S.P.A., de la correctionnelle et accessoirement de leur casser la figure, quand le plus âgé s'approche.

— Ne vous énervez pas, dit-il, nous sommes des employés de la Ville de Paris, et nous faisons cela parce qu'on nous en a donné l'ordre.

— L'ordre d'endormir tous les pigeons de Paris et de les mettre en cage ?

— Non. Seulement ceux des Tuileries. Vous comprenez, on va tirer le canon tout à l'heure. Cela leur fera peur. Alors nous les mettons en cage, nous les emmenons loin de ce bruit terrifiant et, cet après-midi, nous les ramènerons...

Je suis parti tout penaud mais assez fier : un pays qui met ses pigeons à l'abri quand il va tirer le canon, c'est tout de même un bon pays...

Le mariage du rouge-gorge

Le rouge-gorge est un migrateur. « Est encore » serait plus exact car, avec nos hivers qui n'en sont plus, beaucoup de rouges-gorges restent chez nous après l'automne. Cela durera-t-il ? Tout dépend du temps. En tout cas, les rouges-gorges migrateurs vont passer la mauvaise saison au Soudan, près des sources du Nil et nous reviennent au printemps, via l'Asie Mineure, le Bosphore, les Balkans.

Pas tous. Les mâles d'abord, les femelles ensuite. Cela se passe ainsi dans plusieurs espèces. Faut-il accuser les femelles rouges-gorges de traîner en route, puisqu'elles partent de là-bas à peu près en même temps que leurs mâles ? C'est plus simple : les mâles se dépêchent davantage parce que chacun veut s'assurer la propriété du territoire où il aura son nid, où on élèvera les petits. Il voit les autres mâles survoler le Nil comme lui, volant avec entrain vers le nord, devine qu'eux aussi veulent leur territoire, et se dépêche pour arriver avant. Les femelles n'ont pas ce souci : chacune s'installera, je vais vous expliquer comment, dans le domaine qu'un mâle aura choisi.

Voilà donc notre rouge-gorge qui débarque, en général dans la région où il est né parce que ce site, ce paysage, l'ont marqué, « imprégné » comme disent les zoologues. Il les connaît, il y revient. Maintenant, il se cherche un domicile. Un gros buisson, le plus souvent, car c'est là, bien caché dans les branchettes du fourré, que le nid sera construit.

A peine arrivé, il chante. Un chant spécial, le « chant du territoire », qui signifie à peu près : « Attention, attention ! Écoutez tous ! Je suis ici chez moi et je casserai la figure au premier damné rouge-gorge qui osera y venir. » C'est d'ailleurs ce qui se passe. D'habitude, cette chanson-là suffit à empêcher les autres mâles de venir dans son buisson car les rouges-gorges respectent la propriété d'autrui et surtout détestent les histoires. Or, s'ils se présentaient près du fourré déjà occupé, cela ferait de gros ennuis.

Si par impossible un voisin ose s'approcher de chez lui, le propriétaire se précipite, ailes entrouvertes pour bien montrer la belle tache rouge de sa poitrine et impressionner l'intrus parce qu'ainsi il paraît plus gros, et c'est la bagarre : les deux oiseaux se volent dans les plumes, se roulent par terre en se battant. Dans tous les cas, le propriétaire reste vainqueur : étant chez lui, il est plus dynamique, plus combatif que le visiteur.

Notre rouge-gorge chante donc à tous les échos pour affirmer ses droits. De temps en temps, il interrompt sa chanson. Regardez-le bien, à ce moment : il descend par terre, sous son buisson, lève la tête, la penche de côté (pour mieux voir parce que ses yeux sont sur les côtés) examine les branchettes au-dessus de lui. Puis il va sautiller, bec au sol, et ramasser de tout petits morceaux de bois. Il les prend dans son bec, et saute les mettre à certaines embranchures de son buisson, là où, à son avis, on pourra commodément bâtir le nid. Puis il remonte sur son buisson, et chante encore.

Tout cela lui aura pris une semaine à dix jours. Pendant ce temps, les femelles remontent tranquillement du Soudan. Elles ont descendu le Nil, longé la côte d'Asie Mineure, passé l'eau à Constantinople, traversé les Balkans. Enfin les voilà qui arrivent. L'une d'elles se pose près du buisson de notre ami.

Il ne sait pas que c'est une dame, à ce moment-là. Seulement qu'il s'agit d'un rouge-gorge. D'un mâle, peut-être... Alors il se précipite comme il l'avait déjà fait, ailes entrouvertes, tache rouge bien visible pour faire peur. Mais elle, pas impressionnée du tout, entre tranquillement sous le buisson, et brusquement il comprend : Ah... c'est une fille...

Alors, sautillant, voletant devant elle, il la précède, lui fait visiter son buisson. Il lui montre surtout, en se posant tout près, les endroits où il a déposé ses minuscules morceaux de bois. Elle, sérieuse, sans se laisser distraire, regarde tout partout. C'est important, vous comprenez, cette visite. Si le buisson est bien placé si les emplacements à nids sont bien choisis, on pourra couver et élever les petits sans trop de mal et tout cela, c'est son affaire... Maintenant, c'est elle qui va devant, examine, réfléchit peut-être. Cette visite durera un grand moment.

La suite est simple : si l'endroit ne lui convient pas, Madame s'envolera, filera vers un autre buisson où elle a entendu un mâle lancer son chant de territoire, voir si c'est mieux installé. S'il lui plaît, elle prendra le logis... et le mari par-dessus le marché... Car, chez les rouges-gorges, on est sentimental mais pratique...

La politique des sardines

Ça doit être idiot, une sardine... Cela passe ses journées et ses nuits, par bancs de plusieurs milliards, à ouvrir et fermer bêtement la bouche pour avaler les petites choses nourrissantes qu'il y a dans l'eau. Toute l'existence des sardines s'écoule ainsi.

Et aucune vie sentimentale : quand le moment est venu, la femelle lâche ses œufs, le mâle son frai, tout cela monte dans l'eau et, quand ça se rencontre, l'œuf fécondé finit par devenir petite sardine. Des gens sans aucun intérêt...

Attendez. D'abord, les pêcheurs de sardines avaient remarqué que, plus ils les prenaient profond, dans un banc, plus elles étaient grosses. Celles qu'ils prenaient près de la surface étaient d'autant plus petites qu'on les avait pêchées plus haut.

Ils l'ont dit aux zoologues, les zoologues se sont mis à étudier les sardines et ils ont constaté qu'effectivement les grosses — c'est-à-dire les vieilles — se tenaient plus profond que les jeunes — que les petites. Pourquoi ? L'explication était simple : les sardines ont, pour ennemi n° un, bien avant l'homme, les oiseaux de mer qui plongent en piqué et les attrapent avant de faire leur « ressource » et de remonter. Résultat : la sardine qui est en profondeur a plus de chances de n'être pas prise que celle qui se tient près de la surface. Les vieilles sardines doivent le savoir vaguement et c'est pour cela qu'elles se tiennent en dessous des jeunes.

Mais, regardant leurs bancs, les zoologues ont fait une autre remarque : il y en a des millions mais, quand elles sont tranquilles, elles se tiennent toujours « en quinconce ». C'est-à-dire placées de telle façon que chaque sardine, qui a les yeux sur le haut de la tête, puisse voir le ciel au-dessus d'elle. Et la surface : l'endroit d'où arrivera l'oiseau ennemi quand il fera son piqué. Ce qui permet de supposer que ces braves poissons sont moins bêtes qu'on le dit.

Alors on a enfin compris pourquoi on découvrait quelquefois, dans le Pacifique, des « boules de sardines » inexplicables... On en a vu se constituer et se défaire. Cela se passe en trois temps : d'abord le banc de « sardinae cerulae » (c'est leur nom savant) nage bien paisible, un million de sardines ouvrant et fermant la bouche en cadence.

Mais voici qu'un oiseau de mer, familier des attaques en piqué, les survole. En un instant, toutes se précipitent les unes vers les autres, formant une boule qui peut avoir deux mètres de diamètre, où chacune essaie de se faufiler vers le centre où, évidemment, elle sera moins en danger. Résultat : l'oiseau plonge dans la mer vide.

Mais les oiseaux de mer sont tout malins. Certains ont-ils eu l'idée, leur piqué n'ayant rien donné, de foncer vers la boule de sardines pour en attraper une au passage ? C'est peu probable car l'oiseau ferme les yeux quand il entre dans l'eau. Mais il est parfaitement possible qu'un oiseau, ayant fait sa « ressource », remonte par hasard vers cette boule et en profite. Quand une bande d'oiseaux a plongé en même temps, cela doit même arriver assez souvent.

Les sardines ont prévu le cas. La boule qu'elles ont constituée éclate presque aussitôt, les sardines filent chacune de son côté et se retrouvent en rond, formant un grand cercle au milieu duquel l'oiseau qui avait plongé ressort, le bec vide.

Voilà de quoi sont capables les sardines stupides. Alors, vous imaginez, les autres poissons...

L'alliance de la bouvière et de la moule

Vous savez que, chez les poissons, la femelle pond des œufs qu'ensuite le mâle féconde. Mais certains ont compliqué les choses. La bouvière est un petit poisson de nos rivières, qui n'a rien de particulier, sinon qu'au moment des amours le mâle prend toutes les couleurs de l'arc-en-ciel tandis que la femelle voit sortir de son ventre plein d'œufs, un petit tuyau qui va lui servir à mettre sa ponte là où il faut.

C'est-à-dire dans une moule. Vous savez aussi que les moules aspirent, avec un petit siphon, l'eau qui leur apporte l'oxygène nécessaire à leur vie. Et aussi les toutes petites particules dont elles se nourrissent.

Tout cela rappelé, voici comment les choses se passent entre la bouvière et la moule. D'abord, le mâle, en beau costume d'arc-en-ciel, aperçoit dans la rivière, une grosse femelle qui, sous le ventre, traîne le petit tuyau, signe qu'elle va pondre ses œufs. Enchanté, il s'approche, et cette femelle, qui d'ordinaire ne s'occuperait absolument pas de lui, se met à le suivre.

Où ? Vers une moule, que le mâle cherche de tous les côtés, sur le sable du fond de la rivière. Il la trouve enfin, nage jusqu'à elle, la femelle le suivant toujours.

Maintenant, c'est à elle de jouer. Elle flaire la moule d'un bout à l'autre, promenant son nez sur la coquille sombre, qui s'entrouvre, et montre le siphon qui, sans arrêt, aspire l'eau en créant un menu tourbillon. A ce moment, le mâle est à côté de la femelle, dont le petit tuyau s'est allongé jusqu'à devenir aussi long qu'elle. La moule ne bronche pas (ce sont des gens tranquilles) et laisse bien poliment ses coquilles entrouvertes comme si elle savait ce qui va arriver.

Le reste se passe très vite. Le petit tuyau de la femelle est à présent à l'entrée du siphon qui aspire toujours son eau. Elle lâche ses œufs, ils sont entraînés par le courant que le siphon avait créé, les voilà dans la moule. Vite, la bouvière s'écarte. Le mâle prend sa place, lâche tout près du siphon son frai, qui va tout de suite féconder les œufs. Alors mâle et femelle s'en vont, tout contents, et la moule referme sa coquille, satisfaite car, elle aussi, a profité de l'occasion.

Comment ? Voici la suite des événements. Les œufs de la bouvière, tout petits, vont rester dans la moule sans la gêner, bien à l'abri à cause de la coquille, bien ravitaillés en eau fraîche grâce au courant qui, tout le temps, traverse la moule. Ils vont passer là un mois, écloront et s'en iront par la rivière.

Mais pourquoi la moule a-t-elle laissé la bouvière

fourrer son tuyau dans son siphon à elle ? Il aurait été si simple de refermer la coquille : ce geste aurait coincé le tuyau et la moule aurait été tranquille. Elle ne l'a pas fait. Il y avait bien une raison.

On l'a trouvée. Au moment où la bouvière pondait dans la moule, la moule lâchait ses larves. Des êtres infimes mais qui portent des dents pointues. Ces larves, lâchées brusquement, sont arrivées jusqu'aux nageoires de la bouvière, elles s'y sont accrochées par leurs dents. Sans lui faire mal d'ailleurs : elles sont tellement petites. Ces larves vont maintenant rester là pendant trois mois, et puis elles se fabriqueront une petite coquille et puis elles quitteront la bouvière, tomberont au fond et commenceront leur vie de moule.

Ainsi, pendant que la moule hébergeait les enfants de la bouvière, la bouvière transportait ceux de la moule. Avouez que c'est bien organisé.

Mais il reste un drôle de problème : comment cela s'est-il fait ? Vous me direz que c'est l'instinct, que la bouvière sait qu'il faut pondre dans la moule, que son mâle sait qu'il doit lâcher son frai au même endroit, que la moule sait qu'il faut les laisser faire et, en même temps, lâcher ses larves, que tout cela se fait mécaniquement. Je veux bien. Mais il y a tout de même eu, autrefois, une première bouvière qui a pondu dans une première moule et une première moule qui l'a accepté ? Qui le leur avait dit ?

Le remords chez le vairon

Le vairon est un brave petit bonhomme de poisson qui sarsouille dans nos rivières. Un poisson, sans intérêt pour les gourmets tellement sa chair est fade. Un honnête poisson qui ne mange jamais les autres, et encore moins ses petits. Il a d'ailleurs assez de mal à éviter d'être mangé lui-même, tant les brochets ont d'appétit.

Mais un zoologue, qui regardait justement un brochet et des vairons dans une rivière, s'est étonné. Dès que le brochet sautait sur un vairon et le mordait, tous les autres vairons filaient se cacher dans les herbes, même ceux qui, matériellement, n'avaient pas pu voir leur petit copain se faire mordre.

Comment le savaient-ils ?

Le zoologue a eu une idée compliquée. Il prend deux vairons, un grand et un petit, les met dans un aquarium garni d'herbes et attend. Sans rien leur donner à manger.

C'était cruel, notez. Mais la science a ses exigences. Voilà donc nos deux vairons tournant dans leur aquarium cherchant un peu de nourriture. Rien... Et cela durait. Et l'appétit des vairons grandissait.

Celui du gros surtout. Le petit, vous comprenez, ne pouvait pas imaginer que l'autre lui ferait un bon déjeuner tant il était plus important que lui. Mais le gros... Et il tournait en rond, et il avait le ventre creux. Et ce petit idiot, là, qui nageait à côté de lui. Et il avait de plus en plus faim. Et la tentation est née, et il a cédé à la tentation, et il est devenu cannibale !

Oh, à peine. Il a juste mordu le dos du petit vairon qui passait à sa portée. Une simple petite morsure. Il avait tellement envie de manger !

Savez-vous ce qui s'est passé ? A peine le gros vairon avait-il mordu son petit congénère, qu'il a filé se cacher dans les herbes, donnant tous les signes d'un poisson épouvanté. Il battait des nageoires, il se cachait dans un autre coin, il changeait encore de cachette. Le gros vairon cannibale était absolument terrorisé... Le remords ? Il fallait trouver autre chose.

Que s'était-il passé ? Les zoologues se posent le problème : puisque les vairons se cachent quand l'un des leurs, sans qu'ils l'aient vu, a été mordu par un brochet, c'est que quelque chose les a prévenus. Mais quoi ? Un cri ? Les vairons ne crient pas du tout. Des ondes ? Pourquoi pas... Mais comment ces ondes leur arriveraient-elles ?

Deux d'entre eux, que cette question passionnait, mettent des vairons dans un aquarium, en capturent un à l'épuisette. Les autres continuent de nageoter çà et là comme si rien ne s'était passé. Les ondes, si ondes il y avait, n'avaient donc pas été émises au moment de la capture.

Au moment de la morsure, peut-être ? Ils égratignent un tout petit peu, avec une épingle, le vairon qu'ils avaient capturé, et le remettent dans l'aquarium. En un instant, c'est la panique : tous les vairons filent se cacher dans les herbes, affolés.

L'alarme avait donc été transmise par l'eau, puisque c'était au moment où le vairon égratigné était revenu dans l'aquarium que les autres avaient perdu la tête.

Nos zoologues reprennent l'expérience, mais, cette fois avec deux aquariums. Dans l'un, une foule de vairons, dans l'autre un seul, qu'ils attrapent, qu'ils égratignent, qu'ils remettent dans son aquarium personnel. Après quoi ils prennent un verre d'eau de cet aquarium-là, et le versent dans l'autre, où il y avait plusieurs vairons.

Immédiatement, la terreur a régné parmi eux. Ils ont tous filé dans les herbes, pour se cacher. Conclusion : le message d'alarme leur arrivait par l'eau et il ne s'agissait pas d'ondes, puisque cette eau était passée par un verre.

Ils ont confié à des chimistes l'eau de l'aquarium où le vairon avait été égratigné, les chimistes l'ont analysée : elle contenait un corps particulier, à formule horriblement compliquée. C'était ce corps qui prévenait les autres du malheur arrivé à leur camarade. On l'a baptisé la « substance de peur ».

Et la première expérience s'est expliquée. Quand le gros vairon avait mordu le petit parce qu'il avait tellement faim, le petit avait émis la « substance de peur ». L'autre l'avait sentie, elle lui avait fait peur et il avait filé se cacher parce qu'il était terrifié.

Terrifié par un crime qu'il venait de commettre, si vous voulez. En vérité parce qu'il avait respiré un produit qu'il ne rencontrait que si un autre vairon avait eu une peur épouvantable.

Victor Hugo a écrit un beau poème qui s'appelle « La Conscience » dont je vous recommande la lecture. Elle vous rappellera un peu l'histoire de mes vairons.

Comment révolutionner une fourmilière

Les raconteurs d'histoires n'aiment pas la fourmi. Écoutez un peu La Fontaine : « — La fourmi n'est pas prêteuse — C'est là son moindre défaut... ». C'est donc qu'elle en a d'autres, et pires...

Ce sont des gens admirables, que les fourmis, mais abominablement sérieux. Avez-vous jamais vu rire une fourmi ? jouer une fourmi ? Boulot-boulot-boulot est leur devise, sauf quand elles y ajoutent « dodo » en hiver. Et organisées avec ça !

Tout pour la fourmilière, chacun à sa place, une société par-fai-te, réunissant des gens ir-ré-pro-chables, de ceux dont on dit « Prenez exemple, mes enfants ».

Cet ordre m'exaspère. Alors je vais vous apporter le moyen de mettre la révolution dans une fourmilière. Pour le plaisir. C'est simple, mais il faut savoir deux choses. D'abord que, lorsqu'une fourmi meurt dans la fourmilière, les autres transportent son cadavre dehors, et le déposent toujours au même endroit, assez loin de l'entrée. Si bien que, s'il n'y a pas de cimetière d'éléphants, il existe des cimetières de fourmis.

La seconde chose à savoir est que, toujours, à l'entrée de la fourmilière, il y a des gardiennes. Ces personnes sont chargées de vérifier si la fourmi entrante appartient bien à la famille. Si c'est une étrangère, elle est immédiatement attaquée et chassée. Ces gardiennes, qu'on voit faire les trois cents pas (je pense que c'est comme ça qu'il faut dire, puisqu'elles ont trois paires de pattes et nous une) à l'entrée de la fourmilière, sont en somme des agents du maintien de l'ordre.

Vous voulez savoir comment elles reconnaissent les entrantes et vous avez raison : les fourmis ont de la mémoire mais, tout de même, dans une fourmilière qui compte un million d'habitants, on ne peut pas connaître tout le monde. Elles les identifient à leur odeur car chaque fourmilière a la sienne.

Les fourmis correspondent d'ailleurs de deux façons : par gestes — celle qui va attaquer prend une attitude de menace — ou par l'odeur : celle qui se promène seule, pose, tous les centimètres le bout de son petit derrière par terre et laisse tomber une goutte infime d'un jus qu'elle sécrète, laissant ainsi des marques odorantes derrière elle. Au retour, elle remontera ses traces, comme le Petit Poucet. Si elles se déplacent en colonne, les fourmis ne laissent pas d'odeur : elles connaissent la route qui, d'ailleurs, est presque balisée parce que toutes les petites choses qui l'obstruaient ont été rejetées sur les bas-côtés.

Bon. Nous avons donc deux faits : le cimetière de fourmis et les fourmis gardiennes, qui sont, en somme, des forces du maintien de l'ordre.

Vous repérez bien le cimetière. C'est facile : il y a là des fourmis mortes qui se dessèchent très vite. Vous les ramassez, vous les pilez jusqu'à obtenir une poudre très-très fine.

Vous mettez cette poudre dans un vaporisateur, vous saupoudrez les gardiennes en train de faire leurs trois cents pas devant la porte, et vous attendez.

Pas longtemps. La révolution éclate dans les minutes qui suivent. Vous allez voir des fourmis sortir de la fourmilière, se jeter sur les gardiennes, et entreprendre de les transporter au cimetière. Les gardiennes ne veulent pas, et elles se battent, mais il sort toujours de nouvelles fourmis de la fourmilière, et qui se jettent de plus en plus sur les gardiennes. Et ça fait une bagarre incroyable, il y a la révolution !

Pourquoi ? C'est qu'en vaporisant votre poudre de fourmis mortes sur les gardiennes, vous leur avez donné l'odeur d'une fourmi morte, et que la loi des fourmis veut que, quand une fourmi sent cette odeur-là, c'est qu'elle est morte et qu'il faut la mettre au cimetière. Elle bouge ? Aucune importance : elle sent la fourmi morte donc elle est défunte.

D'où cette merveilleuse bagarre.

— Mais tu vois bien que je ne suis pas morte, crie la gardienne, regarde, je bouge les pattes, j'agite les antennes, je mords !

— Désolée, chère amie, vous sentez la fourmi morte, vous êtes morte, aussi morte qu'on peut l'être. Au cimetière !

Et ça se dispute, et ça se bat ! Imaginez que tous les Parisiens se jettent sur les agents de police et les transportent au Père-Lachaise... Quelle sublime pagaille ça serait...

L'expérience s'arrête là. L'odeur des fourmis mortes va bientôt disparaître et tout rentre dans l'ordre. Les fourmis auront vécu leur mai 68 et se dépêcheront de l'oublier.

Quand je vous disais qu'elles font tout comme les gens sérieux.

Les vacances des marmottes

Vous avez vu des marmottes en été, en août surtout, dans les hautes combes, les vallons perdus, où les hommes vont rarement.

C'était le moment de vos vacances, et des leurs. Vous vous êtes approchés un peu trop, des sifflements ont rayé l'air et toutes les marmottes ont disparu, les unes à toute allure, les autres en trottinant comme de grosses dames pas contentes. Que s'est-il passé ?

Les guetteuses avaient donné l'alerte. Vacances ou pas, la troupe de marmottes poste toujours, sur des rochers d'où on voit tout, deux ou trois d'entre elles qui surveillent. Souvent, pour mieux guetter, elles se mettent debout sur leurs petits derrières, bien droites, pattes de devant retombées sur la poitrine, et regardent le paysage. Ce sont celles-là qui ont sifflé.

Pas n'importe comment : il y a un code de ces sifflements.

Un seul, très fort : c'est qu'un aigle vient de survoler la crête, là-bas, et plane... Il faut faire vite car l'autre se laisse tomber comme une pierre pour ramasser la marmotte aperçue. Alors, en entendant cet unique coup de sifflet, on a sauté dans le premier terrier, sous une pierre s'il n'y avait que ça comme abri et on a attendu la fin de l'alerte, museaux sortant prudemment des trous.

Deux coups de sifflet annoncent à la troupe qu'un renard se faufile dans les buissons. On a un peu plus de temps car le renard ruse et ruse encore. Tout de même, on se dépêche de rentrer chez soi. En général, en entendant l'alerte, goupil abandonne sa chasse-aux-marmottes et va voir plus loin s'il y a des gens moins organisés.

Mais, si les guetteuses voient un homme avec ou sans son chien, c'est le concert de coups de sifflet qui vous a accueillis. L'alerte, mais surtout des insultes. Qu'est-ce qu'ils viennent faire, ces lourdauds, dans notre vallon à marmottes ?

Elles y tiennent, à ce vallon. C'est leur royaume. Elles l'habitent depuis le petit printemps, quand elles sont sorties des terriers. Fatiguées par un hiver où elles n'avaient rien mangé, elles se sont traînées jusqu'aux plaques d'herbes vertes aperçues dans la neige et ont fait leur premier repas.

Puis, peu à peu, la vie s'est organisée. La nuit au terrier, le jour à brouter, à se reposer au soleil. Les petits sont nés, dans le terrier, on les a allaités, sortis, élevés. Cela les a occupées jusqu'à l'été. En août, les vacances ont commencé.

C'est alors que vous verrez jouer les marmottes. Car elles jouent comme des enfants pendant l'interclasses. Glissades sur le derrière sur les pentes herbeuses, batailles pour s'amuser qui finissent par une « prise » bizarre, les deux marmottes debout, en « X », restant ainsi un grand moment, comme pâmées. Poursuites à travers les touffes.

Le jeu du terrier est très apprécié : une marmotte se met, fébrilement, à creuser un trou dans la colline, petites pattes de devant battant si vite qu'on ne les voit plus, et toutes les autres se mettent à creuser à côté, comme pour voir celle qui va le plus vite. Elles semblent devenues folles, à ce moment.

Nos fox-terriers, avec leur manie de faire des trous partout, sont quelquefois atteints de cette maladie-là. Mais eux, c'est parce qu'on ne sait jamais : il y a peut-être un rat... Naturellement, pendant ces jeux, il y a toujours les guetteurs et leurs coups de sifflet.

Mais voici septembre. Il faut penser aux choses sérieuses. C'est le moment où les marmottes font les foins. Vous les verrez couper délicatement l'herbe avec leurs grandes dents de devant, peigner des ongles la touffe qu'elles ont fauchée, et trottiner vers le terrier d'hiver, botte d'herbe dans la bouche, tête haut levée. Elles ont l'air d'avoir des moustaches. Tout cela pour préparer leur lit.

Car on va bientôt devoir rentrer au terrier d'hiver. On l'aménage ou on s'en fait un neuf. Toujours de la même façon.

D'abord l'entrée, au flanc d'un gros talus, sous un rocher, placée sur un versant au sud parce que la neige y fondra d'abord, quand viendra le printemps. Ensuite un long couloir, juste assez haut et large pour qu'une marmotte s'y faufile, qui peut avoir un mètre, ou plusieurs. Puis le couloir s'élargit. C'est la chambre à coucher où l'on va mettre l'herbe fauchée. Derrière, une toute petite pièce, de la taille d'une marmotte : les commodités, car on a de l'hygiène.

Certains terriers, quand on les ouvre, sont plus compliqués, avec des tas de couloirs : ce sont des logis collectifs. Une marmotte a trouvé plus commode de mettre son couloir, sa chambre et ses W.-C en partant d'un couloir déjà creusé.

Quelquefois, il n'y a pas de chambre et, si vous ouvrez le talus en hiver, vous trouverez une marmotte endormie dans le couloir. C'est que le froid est arrivé brusquement, plus tôt que d'habitude, et qu'elle n'a pas eu le temps de finir son installation.

Il fait de moins en moins chaud, voilà la neige. Un tas de petites modifications s'effectuent dans l'organisme de nos marmottes. Elles sentent qu'il faut aller se coucher.

Un beau soir, vous n'en verrez plus une, dans le vallon.

Elles sont rentrées au terrier, qu'elles ont soigneusement rebouché. Un mètre, au moins, de terre qu'elles ont grattée, tripotée, probablement mêlée de salive, et collée contre le trou d'entrée. Cela durcira pendant l'hiver. Puis la marmotte a gagné sa chambre et somnolé. Elle ne s'endort pas d'un seul coup. Pendant quelques jours, elle va se réveiller de temps en temps, aller faire un tour aux commodités car son petit organisme fonctionne encore. Et puis tout s'arrêtera progressivement en elle. Elle fermera les yeux, se recroquevillera au point que sa tête est presque entre ses pattes de derrière, petite queue rabattue, et ce sera le sommeil cataleptique.

Il va durer tout l'hiver. Mois passés, quand il fera à peu près 12° dehors, pendant la journée, notre marmotte éternue plusieurs fois, tousse, se déplie, ouvre les yeux.

— Où suis-je ? Ah oui… mon terrier…

Elle a faim. Il faut sortir, elle prend le couloir, déblaie difficilement le bouchon d'entrée. Certaines, les vieilles, les malades, n'y arriveront pas et mourront. C'est d'ailleurs en hiver, surtout, que meurent les vieilles marmottes. En dormant, sans le savoir.

Celle qui a déblayé son entrée montre le bout de son nez, hume l'air. Il fait beau et, là-bas, cette plaque d'herbe… Elle y trotte, mourant de faim. Mais l'aigle, le renard, savent que c'est le moment où elles sortent et n'ont pas encore de guetteuses. Ils en profitent…

Enfin tout le monde est dehors et la vie recommencera. Le curieux est que les marmottes, à ce qu'il semble, n'ont pas de chef et vivent en république, chacune s'occupant de ses petites affaires et n'intervenant dans la société que pour prendre son tour de garde. Seconde observation : on dirait vraiment qu'elles s'aiment, entre elles. Presque comme les chiens de prairie, leurs cousins d'Amérique.

Faut-il ajouter que tuer une marmotte est un crime idiot, parce qu'elles ne nous font absolument aucun mal ? Que l'histoire de la graisse de marmotte, qui passait pour guérir les rhumatismes, est idiote, qu'apprivoiser une marmotte est peut-être amusant mais rend cet animal malheureux, et qu'enfin personne n'a besoin de fourrure de marmotte ?

Laissons-les vivre tranquilles, c'est ce que nous avons de mieux à faire.

L'araignée menteuse

Pourquoi tant de gens, chez nous, ont-ils horreur des araignées ? Allez savoir...

En Afrique, on les respecte et il court là-bas une foule d'histoires où l'araignée joue le rôle de l'être intelligent qui fait des farces aux autres, du tout-malin qui se débarrasse des balourds.

Les Africains ont-ils raison ? Peu importe : l'histoire que je vais vous raconter se passe en Asie. Mais on doit, d'abord, savoir un certain nombre de choses sur les mariages d'araignées.

Mariages qui posent des problèmes, pour certaines. D'abord parce qu'il faut que le mâle aille rejoindre, dans sa toile, la femelle qui lui a plu, car les araignées vivent solitaires. Ensuite parce que, chez ces espèces-là, une fois les noces accomplies, la femelle a tendance à manger son mâle. Comme la mante religieuse. Mais, au contraire de Monsieur mante religieuse qui se laisse boulotter sans protester, le mâle-araignée, n'aime pas du tout qu'on le croque. Astucieux, il a inventé plusieurs procédés pour l'éviter.

Premier truc : Monsieur Araignée voit, dans sa toile, une personne d'une grande beauté. Que va-t-il faire ? Vite-vite une petite toile de chasse, où une mouche viendra se prendre. Il l'embobine du fil qu'il sécrète, en fait un beau petit paquet et l'apporte à la dame qui, gloutonne comme elle est, se jette dessus et le dévore. Pendant ce temps, le mâle fait ce qu'il a à faire et s'enfuit de toute la vitesse de ses grandes pattes. Le seul problème, pour lui, c'est d'avoir fini avant que l'autre ait achevé sa mouche. S'il tarde, il servira de dessert.

Une autre espèce a trouvé un moyen plus compliqué. On l'a compris depuis que nous savons que les araignées communiquent en morse. Par des vibrations qu'elles impriment à leur toile. Ce qui s'explique : ces vibrations sont l'essentiel des informations intéressantes qui leur viennent du monde extérieur. Quand une mouche vient bêtement se faire prendre, elle secoue la toile en se débattant et, tapie dans un coin, l'araignée, prévenue, se précipite pour la manger.

Quand une mère araignée a encore ses petits avec elle dans un coin de la toile, on voit comment fonctionne cette façon de communiquer : une mouche se prend, la mère file à grandes enjambées vers la victime. Les petits, pendant ce temps, doivent rester cois dans leur coin parce qu'on ne sait jamais... Mais il y a des enfants turbulents partout, et parfois un jeune imprudent se dépêche de suivre sa mère, soit qu'il veuille avoir sa part de mouche, soit par simple curiosité. Toujours, dans ce cas-là, on voit la mère s'arrêter sur la toile, appuyer sur un fil avec une de ses pattes et le secouer. Cela suffit pour que le petit comprenne qu'on lui a dit : « Veux-tu rentrer ! » et retourne dans son coin.

Y a-t-il, dans ces secousses que les araignées impriment à leur toile, une sorte de code ? C'est peu probable mais c'est possible tant ces animaux sont malins.

Toujours est-il que, dans l'espèce qui nous intéresse, les noces se déroulent de la façon suivante.

Une araignée femelle est dans sa toile, à attendre Dieu sait quoi. Passe un mâle qui la trouve absolument ravissante. Il voudrait bien la rejoindre, seulement voilà : ce monsieur n'a pas envie d'être mangé. Son problème est de savoir si la belle personne a faim ou non. Comment se renseigner ? Par la toile et les petites secousses qui servent de moyen de communication dans sa famille.

Il s'approche d'un des fils de support, le touche. Cela fait vibrer la toile entière. Alors, ou bien l'araignée femelle, affamée, se précipitera pour voir si cette secousse n'est pas celle qu'une mouche a provoquée en se prenant dans la toile, ou bien, repue, elle restera dans son coin, en se disant qu'il sera toujours temps d'aller voir.

Dans le premier cas, si l'araignée s'est précipitée, le mâle, enamouré mais prudent, passe son chemin en se disant qu'il reviendra une autre fois. Si elle ne bronche pas, c'est bon signe, il peut se risquer.

Certains observateurs d'araignées prétendent qu'une véritable conversation s'engage, à ce moment, entre le mâle et la femelle. Selon eux, chacun secoue à son tour les fils de la toile. Lui un fil du support, elle ceux du milieu. Une conversation qu'on pourrait — mais c'est osé — traduire à peu près ainsi :

Le mâle — Bonjour, chère amie ? Avez-vous bien déjeuné ?

La femelle — Mais oui, Monsieur, très bien...

Le mâle — Vous n'avez pas faim du tout ?

La femelle — Absolument pas...

Et le mâle rassuré grimpe dans la toile. Mais si, aux secousses que le mâle a produites dans sa toile, la femelle répond par d'autres signifiant que les mouches ne sont plus ce qu'elles étaient, qu'elle n'a rien mangé depuis hier après-midi, alors le mâle s'en va sans insister.

Mais s'il s'agit d'une araignée menteuse ? Cela existe, car les bêtes savent parfaitement mentir. Le renard ment quand il imite le gloussement des poules pour en attirer, la nuit, dans un bois proche du poulailler. On pourrait citer cent autres exemples. Or il y a des araignées menteuses. C'est triste à dire mais c'est ainsi.

Il y en avait une, à Zikawei, la station météorologique que les pères jésuites avaient créée dans la mer de Chine, à la fin du siècle dernier. Ils y surveillaient le temps, communiquaient leurs observations par télégramme aux autres stations à quoi ils étaient reliés et, comme Zikawei se trouve dans une région où naissent les typhons, cela rendait fameusement service aux marins qui naviguaient dans ces eaux-là.

Puis, leur station météo fonctionnant bien, les pères y avaient ajouté un poste d'écoutes sismiques. Pour écouter les tremblements de terre et dire où ils se produisaient.

Une station d'écoutes sismiques, c'est, tout en

bas de puits très profonds, un lot d'appareils extrêmement délicats qui réagissent aux moindres vibrations du sol. Ils sont reliés électriquement à des cadrans dont les aiguilles bougent plus ou moins selon que les vibrations sont plus ou moins fortes. Enfin, comme il y a plusieurs appareils, on peut, selon ce que dit chacun, calculer à peu près exactement l'endroit où se passe le tremblement de terre enregistré.

La station de Zikawei était ainsi équipée : au fond, la salle des sismographes, en haut, celle des cadrans avec un jésuite qui les surveillait, notait les tremblements de terre petits et grands, calculait l'endroit de leur épicentre et télégraphiait ses calculs aux autres stations.

Naturellement, tout ce système reposait sur le bon état des sismographes qui percevaient les vibrations. Donc sur la façon dont ils étaient entretenus, nettoyés. Vous comprenez bien que le moindre grain de poussière, sur des appareils aussi délicats, peut tout fausser.

Là-dessus, malchance, la personne qui était chargée d'entretenir les sismographes tombe malade, ou ne fait pas son travail, peu importe. Bref les sismographes ne sont plus nettoyés.

Seconde malchance où le diable a dû avoir sa responsabilité, des araignées viennent s'y installer. Elles y tissent leurs toiles sans que personne vienne les enlever.

Troisième malchance : une de ces araignées était menteuse. Vous voyez la scène : là-haut, en pleine nuit, le père jésuite qui regarde ses cadrans pour voir si leurs aiguilles bougent, en bas, l'araignée menteuse dont la toile était accrochée à plusieurs sismographes.

Tant que cette araignée ne bougeait pas, rien ne se passait. Seulement un mâle est passé près de sa toile. Il l'a un tout petit peu secouée pour voir si la dame avait faim. Elle avait effectivement très faim mais elle n'a pas bougé parce qu'elle était tellement menteuse. Le mâle est entré sans crainte parce qu'elle n'avait pas bougé. Elle s'est jetée sur lui pour le manger et lui s'est défendu comme un beau diable parce qu'il ne voulait pas être mangé.

Tout cela, évidemment, secouait horriblement sa toile attachée aux sismographes. Ils se sont mis à trembler tant qu'ils pouvaient et à envoyer, aux cadrans, des indications époustouflantes.

Et, là-haut, le père jésuite, affolé, voyait sauter les aiguilles. Un tremblement de terre de force 6, au moins ! Mais non ! De force 7 ! De force 8 ! De force 9 ! Le plus grand tremblement de terre de tous les temps ! Et le pauvre père notait, notait, à en casser la pointe de son crayon. Et cela bougeait de plus en plus fort, et le jésuite, à toute allure, comparant les mouvements des diverses aiguilles, essayait de savoir où se passait ce tremblement de terre épouvantable...

— Voyons, murmurait-il en jetant précipitamment ses chiffres sur le papier, où est-il, cet horrible séisme ?... Mmmmm — Mmmmm... Mais, ma parole, c'est en Europe ! Calculons mieux : Mmmmm Mmmm... Mais c'est en Italie ! Pas possible, Seigneur Dieu ! Mmmmm Mmmm... Horreur ! C'est à Rome ! ! ! !

Notre bon père jésuite court réveiller le Père supérieur pour lui dire qu'un effroyable tremblement de terre est en train de détruire Rome, et voilà toute la communauté en prières pour l'âme du général des jésuites qui habite là-bas, du Saint-Père et des cardinaux qui y sont aussi, sans parler de celles de quelques millions de Romains évidemment exterminés par cet épouvantable cataclysme.

En bas, l'araignée avait mangé son mâle, la toile ne bougeait plus. Les sismographes se sont calmés et, quand les bons pères jésuites ont télégraphié la nouvelle au monde entier, on s'est demandé ce qui leur était arrivé, car aucun tremblement de terre n'avait secoué la Ville Éternelle, mais seulement, au fond, une araignée menteuse qui avait fait des siennes...

Les problèmes de la couleuvre

La couleuvre est un cas. Un cas psychologique. C'est une petite qu'on ne comprend pas, comme disent les bonnes dames.

D'abord, on la prend pour une vipère et on la sous-estime. C'est pourtant simple : la vipère est un petit serpent de moins de quatre-vingts centimètres avec un V d'écailles sur sa tête triangulaire. La couleuvre un grand serpent qui peut atteindre deux mètres quand il a vingt ans, brun-vert à vert olive, avec des points noirs sur le dos, quelquefois des raies noires sur les côtés et, si c'est une couleuvre à collier, un beau collier jaune autour du cou.

On dit « paresseux comme une couleuvre » parce que, pour digérer, après son bain, elle dort au soleil. Que faisons-nous, en été, sur les plages ?

On prétend encore qu'elle trait les vaches pour boire leur lait. Comment voulez-vous qu'elle s'y prenne ? Sa bouche ne sait que mordre, les grenouilles de préférence.

On a même prétendu qu'elle fascinait les petits animaux. C'est faux. On a pris une grande couleuvre d'Esculape (celle qui grimpe aux arbres et attrape les oiseaux qu'elle étouffe comme un boa) et on l'a mise dans un terrarium avec plein de souris. Non seulement elle n'essayait pas de leur faire le coup de l'œil fascinateur, mais les souris lui trottaient sur le dos sans crainte.

Bref, on la calomnie et la couleuvre en est mal à son aise. Songez que le crapaud lui-même... Car les rapports couleuvre/crapaud sont compliqués, mais c'est elle qui finit par avoir raison.

Quand, en juillet, la petite couleuvre a crevé l'œuf avec sa « dent du bec » qui va tomber, et qu'elle commence à manger vers et limaces avant d'aller chasser la grenouille dans l'eau, elle n'a que seize à dix-sept centimètres. Un crapaud passe, la voit, la prend pour un grand ver, l'attrape. Savez-vous ce qu'il fait, ensuite, ce crapaud ? Il le recrache dégoûté. Pire : il s'essuie la bouche avec ses petites « mains » de devant. C'est vexant.

Mais la couleuvre se vengera. La voilà grande personne de deux mètres. Elle rencontre un crapaud assis, se trompe, le prend pour une grenouille un peu grosse, s'approche, saute dessus, ouvre toute grande sa bouche immense, gobe le crapaud entier dont la tête est déjà dans son gosier.

Et savez-vous ce qu'elle fait ? A peine a-t-elle senti que c'était un crapaud, donc un animal venimeux, elle le recrache, dégoûtée. Le crapaud est encore vivant, mais drôlement vexé...

Tout ça fait que la paisible couleuvre est devenue

un peu nerveuse. Tant d'ennemis ! Le hérisson qui vous mord la queue, se met en boule et vous laisse vous égorger sur ses piquants quand vous vous débattez, le blaireau, le jean-le-blanc, ce rapace qui vous prend dans ses serres et vous emporte dans son aire pour donner à manger à ses petits, l'homme, qui vous prend pour une vipère...

Nerveuse, elle a trois façons de se défendre. Attaquez une couleuvre, elle essaiera de vous épater, de vous faire croire qu'elle est un terrible serpent venimeux. Elle se dresse, elle ouvre la bouche, sort la langue, siffle, crache, joue les cobras. Ça ne vous fait pas peur ? Bon, seconde technique : elle lâche une odeur épouvantable, celle qui fait fuir le hérisson. Vous avez le nez bouché ? Troisième méthode : votre couleuvre tombe sur le dos, bouche ouverte, langue pendante, raide comme un morceau de bois. Elle fait la morte. Vous la remettez sur le ventre ? Elle reprend sa position :

— Mais non, idiot ! Tu vois bien que je suis morte !

Elle restera ainsi jusqu'à ce que vous la laissiez tranquille.

Alors, voulez-vous faire une sale blague à votre couleuvre ?

Prenez une grande vitre, mettez-la par terre et posez la couleuvre dessus. Bougera plus... Rien à faire.

Comprenez : quand elle avance en sinuant de droite à gauche et de gauche à droite, les petites rugosités de son corps s'accrochent aux petites aspérités du sol, et la couleuvre progresse. Sur votre vitre lisse, elle ne peut plus avancer.

Enfin, si en hiver vous trouvez, dans un trou, une douzaine de serpents endormis, vous penserez au *Nœud de vipères* parce que M. François Mauriac a écrit un roman qui s'intitulait ainsi. Eh bien, le plus souvent, ce nœud de vipères est tout simplement un nœud de couleuvres. Des copines qui avaient décidé d'hiverner ensemble.

Vous voyez à quel point nous les comprenons mal...

Les guêpes esclavagistes

Sautez ces pages si vous avez le cœur sensible parce que je vais vous raconter une histoire horrible : une histoire de guêpes. On a le droit de ne pas aimer les guêpes. Savez-vous qu'il meurt chaque année, en Europe, plus de gens piqués par des guêpes que mordus par des serpents ? Jusqu'à présent, elles ne sont utiles que dans un cas : chez les bouchers de Constantinople.

Il fait très chaud, là-bas. En été, les bouchers étalent leur viande dehors, et, les morceaux de bœuf ou de mouton sont couverts de mouches bleues. Mais il se trouve que les guêpes adorent manger de la mouche bleue, que les bouchers byzantins le savent et savent aussi que la viande très rouge — le foie de bœuf surtout — attire les guêpes. Ils mettent, sur leur étal, un ou deux morceaux de foie de bœuf, les guêpes y viennent et les mouches bleues s'enfuient...

Il faut d'abord savoir comment vivent les guêpes.

Mal, disons-le tout de suite. Certaines — les solitaires — creusent de petits terriers dans le sol, puis partent en chasse, attaquent une sauterelle, la piquent, la paralysent, la tirent jusqu'au terrier. Ensuite elles se retournent, pondent un œuf sur la sauterelle paralysée et s'en vont après avoir rebouché le trou. L'œuf éclora, une larve de guêpe en sortira, qui mangera la sauterelle paralysée toute vivante... Après quoi, la larve deviendra nymphe, puis guêpe et recommencera ce que sa mère avait fait. Comment voulez-vous qu'on aime ces gens-là ?

Mais la plupart des autres guêpes vivent dans un guêpier, qui est une sorte d'ébauche de la ruche. Cela commence au printemps : toutes les guêpes de l'année précédente sont mortes, sauf celles qui avaient été fécondées et qui, cachées dans quelque trou, ont passé l'hiver à dormir. Nous allons suivre l'une d'entre elles, la « germanique », car les autres font, à peu près, la même chose.

Réveillée, notre guêpe va se promener par terre, flairant le sol de ses antennes jusqu'au moment où, au pied d'un arbre, elle découvre un petit trou qui est là par hasard. Souvent un terrier de souris. Elle y entre : ce trou débouche sur une cavité qui se trouve sous les racines de l'arbre. Elle va commencer le guêpier.

D'abord, avec ses mandibules, elle agrandit le trou. Puis elle sort, vole jusqu'à une palissade de bois mort ou des branches mortes qui se trouvent dans le coin. Elle en prend une bouchée et revient, mâchonnant ce bois qu'elle imprègne de sa salive. La guêpe obtient ainsi une sorte de carton collant, très solide dès qu'il a séché. C'est son matériau de construction.

La voilà dans son trou, sous la racine. Elle colle une boulette de son papier-carton, puis une autre, confectionnant ainsi un petit pilier qui, long d'un centimètre, va supporter un petit baldaquin horizontal, toujours fait en boulettes de papier-carton. A ce moment, on a l'impression qu'elle a réalisé une sorte de parapluie. Au milieu, bien sous le premier pilier qui descend de la racine, elle en construit un autre et, sous ce second pilier, un plancher où elle établira, toujours avec son papier-carton qu'elle fabrique en allant chercher du bois mort, une série de menues cellules.

Pendant tout ce travail, notre guêpe s'est nourrie de nectar des fleurs. Dans chacune des petites cellules, elle va pondre un œuf, qu'elle enveloppe, pour le protéger, d'un peu de pâte de bois en faisant un trou en haut pour que la larve qui naîtra puisse respirer.

Les larves naissent. Il faut les nourrir. La guêpe part en chasse, tue des insectes, les mâche et donne cette bouillie à ses petits. En même temps, sous le premier étage de cellules, elle en construit un autre, lui aussi portant de petites cases où elle pondra de nouveaux œufs.

Quand ce second étage est fini, les larves nées au premier se sont transformées. Les voici guêpes « ouvrières ». Sans sexe, ni mâles ni femelles. Des guêpes, voilà tout...

Dorénavant, c'est elles qui feront tout le travail. Elles iront chercher/mâcher du bois mort pour construire le guêpier qui deviendra aussi gros qu'un ballon de football, elles agrandiront le trou, s'il était trop petit, en enlevant de la terre avec leurs mandibules, elles iront tuer des insectes pour nourrir les larves, elles les soigneront. La mère ne fait que pondre et pondre encore, nourrie de bouche à bouche par ses filles.

Elle donnera ainsi jusqu'à cinq mille œufs, d'où sortiront des guêpes qui, toutes, mourront en quelques semaines, mais d'autres viendront les remplacer.

Et puis, à la fin de l'été, par un mécanisme compliqué, au lieu de pondre des œufs qui donneront des ouvrières sans sexe, la mère en donnera d'où sortiront des mâles et des femelles. Tous s'envoleront, une des guêpes sera fécondée qui survivra pendant l'hiver comme la mère, et tout recommencera. A ce moment-là, la mère meurt et toutes ses ouvrières aussi.

C'est ainsi que vivent les « guêpes germaniques » qu'on voit souvent chez nous. D'autres, au lieu de faire le guêpier dans un trou, l'accrochent à une branche d'arbre. C'est le cas d'une autre guêpe fréquente en France : la « poliste », que les savants appellent « polistes gallicus ». Son existence est tout à fait, emplacement du guêpier à part, celle de la « germanique ». Mais il y a une autre espèce encore, les « sulcopolistes » qui sont de véritables pirates.

Depuis des milliers et des milliers d'années, ces sulcopolistes, qui ne savent guère que se battre, n'aiment pas s'occuper des larves, du guêpier, bref détestent les travaux domestiques. Il leur faut des esclaves pour cela.

Elles s'en procurent en attaquant les guêpiers de polistes. Pourquoi de celles-là ? Parce que ce sont deux espèces voisines, dont les mœurs sont semblables et que la poliste n'aura pas besoin d'apprendre comment on s'occupe d'un œuf et d'une larve de sulcopoliste puisque c'est la même chose chez elle.

Reste à conquérir le guêpier des polistes, et à obliger ces dernières à s'occuper des œufs et des larves que les sulcopolistes vont y pondre. Cela commence par une bataille d'une incroyable violence.

L'escadrille des sulcopolistes arrive, guêpes bourdonnantes de façon menaçante. Les polistes sortent de leur guêpier, essaient de se défendre et s'engage un véritable combat aérien, avec des duels deux à deux, des engagements à dix. Tout cela tourbillonne, se pique, plonge, remonte. Un combat de démons car toutes ont leur redoutable aiguillon.

Mais les envahisseuses sont les plus fortes. Les plus combatives surtout. Des centaines de polistes sont mortes. Alors les sulcopolistes entrent dans le guêpier où sont restées des ouvrières, et la mère qui pond et pond encore.

Ce qui va se passer est atroce. Les envahisseuses veulent que les vaincues leur servent de domestiques, qu'elles soignent leurs œufs et leurs larves. Mais ces vaincues sont des guêpes, dont l'esprit (si l'on peut dire...) est ainsi fait qu'elles ne peuvent obéir qu'à leur mère, ou imiter que ce que fait leur mère. Elles sont « conditionnées »...

Si les envahisseuses tuaient cette mère, les autres polistes s'en iraient. Alors, les sulcopolistes ne la tueront pas. Elles la détrôneront. Et c'est horrible à voir.

Elles grimpent sur le dos de la mère des polistes, lui mordent les antennes, lui font de petites piqûres pas mortelles mais douloureuses. Elles l'humilient devant ses filles jusqu'au moment où la malheureuse finit par comprendre ce que veulent les victorieuses : qu'elle s'occupe des œufs que les sulcopolistes pondent déjà dans les cellules du guêpier conquis, qu'elle donne à manger à leurs larves.

Et elle le fait pour qu'on ne la pique plus, qu'on ne lui morde plus les antennes, qu'on la laisse un peu tranquille. La voyant ainsi asservie, ses filles accepteront l'esclavage et se mettront à s'occuper des œufs, des larves des envahisseuses, en domestiques bien stylées... Peu à peu, les polistes disparaîtront sans être remplacées puisque leur mère n'a plus le droit de pondre mais les sulcopolistes envahisseuses auront eu, le temps qu'il faut, des esclaves pour élever leurs enfants.

Ce qui est tout à fait choquant. Presque aussi choquant que chez les hommes, quand ils en réduisent d'autres en esclavage...

La guerre aux ultra-sons des rats

Personne n'aime les rats, sinon les gens des laboratoires qui élèvent des rats blancs. Interrogez-les : ils vous diront que leurs élèves sont intelligents, gentils comme on ne l'est pas, très attachants. Ils ont sans doute de bonnes raisons. Mais pourquoi, alors, soumettent-ils ces bêtes qu'ils adorent à leurs douloureuses expériences ? Passons...

Les rats que nous connaissons tous sont de deux sortes, aussi désagréables l'une que l'autre. Le rat noir, arrivé chez nous d'Asie centrale au XIIe siècle, soit par les bateaux qui revenaient des croisades, soit à pied, à la suite d'un tremblement de terre qui leur avait fait quitter le Kazakhstan, nous ont apporté la peste, et mangeaient — on l'a calculé — cinq pour cent de nos provisions. Ils habitaient un peu partout, dans les champs et les villes, avec un goût particulier pour nos maisons.

Six siècles ont passé ainsi, les hommes essayaient d'éviter la peste, de protéger leurs provisions, d'attraper les rats et n'y arrivaient pas, de les empoisonner et ils empoisonnaient leurs chiens, de lancer les chats contre eux mais seuls le chartreux et quelques européens athlètes osaient les attaquer. Les rats triomphants se multipliaient sans trêve, mangeaient tout. Bref ils étaient l'animal nuisible n° 1.

C'est alors que des bateaux, revenant d'Extrême-Orient, ont rapporté dans leurs cales une autre espèce de rats. Cela s'est passé au XVIIIe siècle. Ces rats-là étaient des rats gris, qu'on appelle aussi « surmulots » et qui sont, en tout, pires que les rats noirs. Vous énumérer leurs dégâts, et nos défaites quand nous avons voulu les attaquer, prendrait six gros volumes. Je ne vous en parlerai donc pas.

Mais, au bout de quelques années, on a constaté un fait surprenant : les rats gris détestaient les rats noirs, qui le leur rendaient bien, et finalement les deux peuples-rat s'étaient partagé le territoire conquis sur l'homme : les noirs au grenier, les gris dans les caves et les égouts.

Bons princes, ils nous avaient laissé les étages intermédiaires où nous travaillions pour eux, puisqu'ils se nourrissaient de nos restes et de ce qu'ils nous volaient. Les rats avaient inventé la « réserve à hommes » comme, un peu plus tard, les Américains inventeront les « réserves à Peaux-Rouges ».

Mais comment cela s'est-il fait ? On a parlé de batailles rangées entre rats noirs et surmulots et on a probablement eu raison, tant ces animaux sont malins. Mais il y a pire, qu'une expérience récente a montré.

On se demandait comment le rat gris avait fait pour chasser le noir d'une partie de son territoire, et comment il y arrive encore car leur guerre continue. Alors, on a mis un rat noir en pleine forme dans la cage d'un rat gris. Et on les a regardés faire.

Pas de bataille visible. Le rat gris s'est conduit d'une façon bizarre : il tournait et tournait encore autour du noir, sans rien dire ni rien lui faire. L'autre ne bronchait pas. Et le gris tournait toujours. De temps en temps, il mordillait (oh, pas fort, juste un petit coup de dents de rien du tout) une oreille ou le bout de la queue du noir. Et l'autre restait toujours immobile, et la ronde continuait.

Mais, au bout de quatre-vingt-dix minutes exactement, le rat noir tombait mort.

Il y avait de quoi surprendre un zoologue. Il recommence son expérience : même danse, même immobilité du rat noir, même résultat. Une heure et demie après le début de la danse du surmulot, le rat noir tombe mort. Quand vous avez vu cela des centaines de fois, vous vous dites qu'il a dû se passer quelque chose de grave. Le surmulot avait-il abruti le rat noir en tournant autour de lui, l'avait-il empoisonné avec ses petites morsures ?

On autopsie le défunt : pas de blessure apparente, pas de trace d'empoisonnement... On l'autopsie mieux : on découvre, au microscope, que les centres nerveux du rat noir sont détruits. Nerfs ne fonctionnant plus, il en est mort, étouffé ou par arrêt du cœur, puisque poumons et muscles cardiaques ne fonctionnent que si les nerfs le leur disent.

Mais comment le rat gris a-t-il fait, pour détruire les centres nerveux du noir ?

On a apporté des appareils enregistreurs très compliqués et tout s'est éclairé : pendant qu'il tournait et tournait autour de son adversaire, le rat gris émettait des ultra-sons. Ces ultra-sons, réglés le diable sait pourquoi sur la bonne longueur d'ondes — celle qui attaquait les centres nerveux du rat noir — commençaient par le « bloquer ». Les percevant, il restait incapable de bouger. Et les ultra-sons meurtriers démolissaient ensuite, par un mécanisme subtil, les centres nerveux qui les recevaient.

Alors, pourquoi ces petites morsures, de temps en temps ? On suppose que le rat gris mord alors le rat noir pour le réveiller juste ce qu'il faut, afin qu'il reçoive mieux les ultra-sons qui vont le tuer. En somme, il lui dit « Écoute ! Écoute ! ».

Et vous voulez qu'on aime les rats ?

Le sonar des chauves-souris

Les chauves-souris ont donné bien du mal aux zoologues : comment faisaient-elles pour se nourrir ?

Elles ne sortent qu'au crépuscule, quand on n'y voit presque plus rien. Là, pendant vingt minutes, trois quarts d'heure au plus, elles volent ici et là, attrapent les moustiques et les insectes volants, leur menu. Après quoi elles rentrent chez elles, dans une cave, une grotte ou un grenier, s'accrochent par les pattes, la tête en bas, au plafond, pliées dans leurs ailes comme dans une pèlerine, et s'endorment jusqu'au lendemain où elles recommencent à chasser pendant moins d'une heure.

D'une chasse terriblement efficace, puisque les chauves-souris s'endorment à l'automne pour se réveiller au printemps... Elles doivent attraper des milliers et des milliers de moustiques et d'insectes volants pour se nourrir au jour le jour et faire, en plus, des provisions de graisse pour tout l'hiver.

Les hirondelles aussi vivent d'insectes qu'elles attrapent en l'air, mais elles chassent toute la journée. Comment les chauves-souris se débrouillent-elles pour prendre tellement de moustiques quand on n'y voit presque plus rien ? Elles doivent avoir des yeux fameusement équipés !...

On se posait la question il y aura bientôt deux cents ans. A cette époque, un savant, l'abbé Spallanzani, a entrepris d'y répondre. Il prend une chauve-souris, lui bouche les yeux avec de la cire, la lâche. L'autre s'envole sans plus s'inquiéter et, aveugle, se met à chasser le moustique comme si de rien n'était. Diable ! Cela prouvait que la chauve-souris ne voit pas les moustiques qu'elle attrape... Mais comment les trouvait-elle, alors ? Peut-être qu'elle les sentait...

L'abbé Spallanzani bouche le nez d'une chauve-souris, la lâche : pas d'histoire, elle prend son vol et chasse aussi facilement qu'avant.

C'était de plus en plus étonnant. Cette chauve-souris attrapait ses moustiques sans les voir et sans les sentir... Fallait-il supposer qu'elle les entendait voler ? A tout hasard, l'abbé Spallanzani bouche les oreilles de ses chauves-souris avec de la cire, les lâche : les pauvres bêtes s'envolent maladroitement, se cognent partout, tombent, incapables de se diriger et de chasser.

L'abbé Spallanzani en conclut que cet animal chasse avec ses oreilles. Comment ? Il ne le savait pas, mais c'était certain.

A l'époque, comme il y avait très peu de journaux, les savants correspondaient entre eux pour se raconter leurs découvertes. L'abbé Spallanzani décrit la sienne, sa lettre vient sous les yeux d'un très grand zoologue, le célèbre Cuvier qui a découvert un tas de choses formidables, sur les bêtes préhistoriques surtout. Cuvier éclate de rire :

— Qu'est-ce que c'était que cette histoire d'animal qui voit avec ses oreilles ? L'abbé Spallanzani ferait mieux de dire sa messe...

Et on n'en a plus parlé pendant des dizaines d'années. Jusqu'au jour où Langevin a découvert le sonar.

Vous savez mieux que moi ce que c'est : un appareil lance des ultra-sons qui heurtent un obstacle, reviennent en écho. On recueille cet écho à deux endroits ou davantage, on compare leurs moments d'arrivée et, comme on sait à quelle vitesse circule le son, on en déduit le lieu où se trouve l'obstacle que les ultra-sons ont rencontré.

Découverte formidable. Elle nous a sauvés, pendant la guerre de 14/18. Les sous-marins allemands coulaient les bateaux venus d'Amérique qui nous apportaient les armes, le ravitaillement et les soldats américains. Allez savoir où est un sous-marin, quand il est sous l'eau ! On y est arrivé grâce au sonar qui disait pile où était le « U-boat ». Les commandants des bateaux ont appris à zigzaguer dès que leur sonar révélait la présence d'un sous-marin, ses torpilles sont passées à côté, le ravitaillement, les armes et les soldats américains sont arrivés et nous avons gagné la guerre.

Alors, les zoologues ont repensé aux idées du brave abbé Spallanzani. Est-ce que, par impossible, les chauves-souris... ?

Ils les ont regardées, le soir, ils ont constaté

qu'elles chassaient la bouche ouverte, et remarqué qu'elles avaient de grandes oreilles très compliquées. Ça prenait forme.

Ensuite, par d'innombrables expériences, ils ont compris : la chauve-souris qui vole lance des cris si aigus que nous ne pouvons pas les entendre, des ultra-sons, qui cognent sur le moustique rencontré, reviennent en écho aux grandes oreilles lesquelles recueillent cet ultra-son, l'envoient vite vite au cerveau qui compare les deux ultra-sons puisqu'il lui en vient un de chaque oreille et, plus vite encore, sait où est le moustique. La chauve-souris fonce, le gobe et recommence à lancer ses ultra-sons pour en trouver un autre. Le tout en moins d'une seconde.

Vous saviez sans doute tout cela. Mais pourquoi les chauves-souris ne chassent-elles qu'au crépuscule ? Parce que c'est le moment où les moustiques, qui, le reste de la journée se promènent un peu partout, se trouvent dans leur « zone de vol ». Car elles ne s'élèvent pas très haut et n'aiment pas voler trop près de terre.

Mais comment tous ces ultra-sons ne se mélangent-ils pas, se brouillant les uns les autres quand (c'est fréquent) plusieurs chauves-souris chassent au même endroit ? C'est que chacune a sa longueur d'onde, différente de toutes les autres et que ses oreilles ne reçoivent que les échos de ses ultra-sons à elle.

On devait découvrir bien d'autres choses encore parce qu'un soir un zoologue américain avait invité des amis à dîner. On soupait dans son jardin, avec des lampes allumées, autour desquelles, comme toujours en été quand on allume une lumière, voletaient des tas de papillons, des foules de moustiques, des nuages de petits insectes volants.

Au dessert, un des invités veut tenter une blague idiote, que je ne vous recommande pas. Il prend un bouchon, le fait tourner sur le bord d'un verre de cristal : cela donne un bruit aigu, insupportable, qui fait grincer des dents. Tout le monde proteste, l'invité s'arrête mais le zoologue avait remarqué qu'à l'instant où l'autre avait fait tourner son bouchon et produit ce bruit intolérable, tous les papillons, tous les moustiques, tous les petits insectes volants qui tournoyaient autour des lampes, étaient tombés par terre...

Ça l'étonnait, ce zoologue. Le lendemain, il recommence l'expérience : même résultat. Les insectes volants se jetaient sur le sol sitôt produit le crissement. Pas morts du tout : dès que le bruit s'arrêtait, ils reprenaient leur vol.

Notre homme autopsie ces insectes, et savez-vous ce qu'il a fini par trouver dans leur organisme : un appareil récepteur à ultra-sons ! Une toute petite membrane, sur leur corps, qui vibrait dès réception des ultra-sons produits quand le bouchon tournait sur le bord du verre.

Mais pourquoi tout le monde s'était-il jeté par terre pour s'envoler à nouveau sitôt le bruit fini ? Évidemment parce que cet appareil récepteur d'ultra-sons permettait aux insectes volants qui le portaient de savoir qu'une chauve-souris venait de lancer les siens. Ces insectes volants savaient aussi que la chauve-souris n'aime pas descendre tout près du sol. A peine le message d'alarme reçu, ils se laissaient tomber par terre pour éviter d'être mangés.

On savait donc que la chauve-souris chasse au sonar et que beaucoup d'insectes ont un appareil détecteur. C'était beaucoup. On devait découvrir mieux, en faisant chasser des chauves-souris dans un grand hangar où on les suivait au projecteur pour voir ce qu'elles faisaient pendant que des appareils récepteurs enregistraient leurs ultra-sons, lancés pour attraper les insectes qui volaient un peu partout dans ce hangar.

Certaines avaient un comportement bizarre : on les voyait se précipiter sur des insectes volants et puis s'arrêter pile avant de les gober, et recommencer leur chasse sans plus s'en occuper. Pourquoi ?

On attrape ces insectes-là, on les décortique. Non seulement ils avaient le petit appareil récepteur, la minuscule membrane qui les prévenait de l'arrivée d'un ultra-son mais encore ils possédaient un appareil de brouillage ! En remuant l'une contre l'autre deux parties de leur petit abdomen, ils produisaient un ultra-son qui brouillait celui de la chauve-souris. Et celle-ci ne savait plus où était son gibier, puisqu'elle ne recevait plus d'écho. C'est du moins ce qu'on a d'abord cru.

Car on a attrapé de ces insectes à appareil de brouillage, on les a donnés à des chauves-souris et elles les ont recrachés ! Conclusion : le brouillage était un message : — Pas la peine de m'envoyer tes ultra-sons, ma vieille. Tu sais bien que je ne suis pas comestible...

On avait enfin compris la chasse des chauves-souris et découvert, en plus, comment leurs victimes se défendent. Mais il reste un mystère. Le voici.

Le grand spéléologue Norbert Casteret, qui a

exploré tant de grottes, découvert tant de souterrains, s'intéressait aux murins parce qu'il en avait trouvé dans une de ses chères cavernes, en Espagne.

Les murins sont de grandes chauves-souris migratrices. Toutes le sont plus ou moins, notez, mais les murins font un très grand voyage.

Leurs femelles du moins, qui passent l'hiver au Maroc, dans des grottes de l'Atlas, une énorme chaîne de montagnes de là-bas. Les femelles s'envolent au printemps, les mâles restant sur place, volent vers le nord, de grotte en grotte où elles passent les nuits, couchent, pour leur dernière nuit africaine, dans des cavernes près de Ceuta, traversent le détroit de Gibraltar, font étape la nuit suivante dans les grottes des singes qui vivent là-bas, reprennent la route des grottes car il y en a beaucoup en Espagne, franchissent les Pyrénées et remontent, toujours de grotte en grotte, jusqu'à la Loire à peu près, chacune s'installant où il lui plaît et chassant à sa guise chez nous. Arrivées là, elles accouchent, allaitent leurs petits (je n'ai pas besoin de vous dire, n'est-ce pas, que la chauve-souris est un mammifère ?) et, à l'automne, toujours par la route des grottes, redescendent vers le Maroc où leurs mâles les attendent. Ensuite tout le monde s'accroche au plafond des grottes de l'Atlas, s'endort, et on recommence l'année suivante.

Norbert Casteret savait tout cela quand, visitant une grotte en Espagne, il tombe sur une troupe de ces murins qu'il trouve accrochés au plafond.

— Ce sont des chauves-souris migratrices, se dit Casteret. Sont-elles capables, comme les oiseaux migrateurs, de pratiquer le « retour au gîte » ? De revenir au bon endroit quand on les a transportés très loin ? Le pigeon voyageur le fait, pourquoi pas la chauve-souris ? On va bien voir...

Il décroche une douzaine de chauves-souris de leur plafond, les fourre dans une malle en osier, met le tout dans sa voiture, et prend le train pour transporter ses chauves-souris à une centaine de kilomètres, les lâcher après les avoir baguées et tâcher de savoir si elles revenaient à leur grotte ou si, affolées, elles resteraient sur place, ne sachant que faire.

Les chauves-souris, dans leur malle d'osier (d'osier, pour qu'elles puissent respirer) ne bougeaient pas plus que si elles étaient mortes. Le train part. Les chauves-souris ne bronchaient toujours pas.

Mais le hasard voulait que la ligne de chemin de fer passât tout près de la grotte où Norbert Casteret les avait prises. Au moment où elle s'en est le plus approchée, voilà que les murins se réveillent et mènent un sabbat infernal...

Que s'était-il passé ? On se le demande encore. Il est tout de même impossible que ces chauves-souris aient su que la ligne du train passait près de leur grotte et qu'elles aient connu les horaires des chemins de fer espagnols. Voir dehors ? Elles étaient dans leur malle. Entendre ? Le bruit du train à vapeur couvrait tout. Alors... ?

Si vous arrivez à le découvrir, vous rendrez un fameux service à la science.

Et surtout, dites bien autour de vous qu'il ne faut jamais avoir peur que les chauves-souris se prennent dans vos cheveux, comme on le raconte encore : puisqu'elles se conduisent au sonar, elles savent que vous êtes là, et vous évitent.

Et surtout, dites que c'est criminel de tuer une chauve-souris, car elles nous débarrassent de millions et de millions de moustiques...

Comment les vanneaux de Hollande ont appris à danser

Les vanneaux de Hollande étaient de braves petits vanneaux comme les autres, de ces petits oiseaux sombres qu'on voit s'envoler par bandes, battant des ailes à toute allure, virant à droite ou à gauche tous ensemble, en gens habitués à manœuvrer en foule. Posés au sol, ils attrapaient de petites bêtes par terre, innocemment. Jusqu'au jour où...

Jusqu'au jour où les Hollandais ont asséché le Zuyderzee. Le Zuyderzee, c'était une grande province de Hollande, encore un peu plus basse que les autres, c'est-à-dire en dessous du niveau de la mer. Car la Hollande, vous le savez, est une plaine aux bords de la Mer du Nord, si basse qu'on ne sait pas ce qui est à la terre ou à la mer. Les Hollandais ont conquis leurs champs dans cette terre mouillée en y mettant des digues et en pompant l'eau avec leurs moulins à vent. Des digues assez solides pour empêcher la mer de revenir, des moulins à vent assez nombreux pour pomper et pomper encore l'eau qui s'infiltre, se l'envoyer les uns aux autres par des canaux, et finalement la rejeter dans la mer. C'est comme ça que la Hollande est née parce que les Hollandais le voulaient.

Mais, un triste jour du XIIIe siècle, la Mer du Nord s'est mise en colère. Un formidable raz de marée a submergé une partie de la Hollande, crevant les digues, renversant tout sur son passage, moulins à vent compris.

Alors les Hollandais se sont remis au travail. Ils ont construit de nouvelles digues, fait tourner de nouveaux moulins à vent et reconquis leur pays sur la mer. Tout entier, sauf le Zuyderzee qui était devenu un énorme lac d'eau salée, où les bateaux circulaient.

Tout est resté comme cela pendant sept cents ans. Hollandais en Hollande, Mer du Nord dans le Zuyderzee. Puis, au début de notre siècle, parce qu'ils avaient tellement d'enfants, les Hollandais devenus trop nombreux ont voulu de nouvelles terres pour y loger, de nouveaux champs pour les cultiver et manger ce qu'ils y feraient pousser. Ils ont bouché l'entrée du Zuyderzee en y mettant une grande digue, pompé l'eau qui était derrière avec des foules de moulins et le Zuyderzee, asséché, est devenu une plaine bien plate, toute boueuse encore, avec un beau sol à cultiver. C'est un des plus formidables travaux que les hommes aient entrepris depuis qu'ils sont sur terre.

Voilà nos Hollandais tout contents de cette belle plaine. Mais il y avait un ennui : cette terre était salée et rien n'y poussait parce que les plantes que nous cultivons n'aiment pas le sel. Ils ont dessalé le

Zuyderzee. Mais les plantes n'y poussaient toujours pas parce que cette terre, qui avait passé sept cents ans sous la mer, était trop serrée pour que l'air y circule. Ça empêchait les plantes de pousser parce que leurs racines ont besoin d'air, de l'air qui circule dans la terre...

Pourquoi, partout, l'air circule-t-il dans la terre ? A cause d'un animal très très important : le ver de terre. Vous en avez vu : ces « lombrics » assez longs, tout roses, qu'on coupe en deux quand on bêche et qui se tortillent. Ils passent leur vie dans le sol, mangent la terre, la digèrent et la renvoient à l'autre bout, faisant d'innombrables petits tunnels où l'air se promène, sous la surface du sol, et donne de quoi respirer aux racines.

Or il n'y avait pas de vers de terre dans celle du Zuyderzee puisqu'elle avait été recouverte si longtemps par la Mer du Nord. C'est pour cela que rien n'y poussait. Alors les Hollandais, gens têtus, ont acheté des vers de terre en France et les ont jetés, à pleines poignées, sur la terre du Zuyderzee en leur disant de se débrouiller.

Ce n'était même pas la peine de le leur dire : un lombric, dès que c'est sur le sol, ça ne pense qu'à y entrer. Les vers de terre, à peine arrivés, ont enfoncé leur petite tête, commencé à creuser, disparu dans la boue du Zuyderzee reconquis. Les Hollandais, tout contents et savants cultivateurs, savaient que, là-dessous, ils creusaient des milliers de kilomètres de petits tunnels et que, l'an prochain, on pourrait se mettre à semer.

Et puis le printemps suivant, les vanneaux de Hollande sont arrivés de leur migration annuelle. Ils ont vu le Zuyderzee sorti de l'eau, s'y sont posés pour voir ce que valait cette nouvelle province... Alors les Hollandais se sont demandé si leurs vanneaux étaient devenus fous.

Car ces oiseaux dansaient ! Un saut de côté, un autre en avant, un coup de patte par terre, un coup de bec dans le sol, et on recommençait. Imaginez-vous cela, des milliers de vanneaux qui dansent ? Gravement, sans avoir l'air de s'amuser du tout. A croire qu'ils connaissaient la chanson de Jacques Brel : *Les Flamandes dansent sans rien dire...* Les vanneaux dansaient par terre d'un bout à l'autre du Zuyderzee, et les Hollandais les regardaient, choqués. Que diable, les sujets de la reine de Hollande ont une réputation de gens sérieux et de quoi est-ce que ça avait l'air, je vous le demande, des oiseaux qui ont la danse de saint-Guy ? Les gens du Zuyderzee ont téléphoné à ceux de la Drenthe et de Groningue des provinces voisines, à ceux d'Amsterdam et d'Utrecht : Est-ce que leurs vanneaux dansaient ?

— Non, ils ne dansaient pas du tout, pourquoi cette question ?

— Oh, pour rien... disaient les gens du Zuyderzee, gênés.

Et les vanneaux dansaient toujours : un saut de côté, un autre à droite, un coup de patte par terre, et ça recommençait.

Alors, les gens du Zuyderzee ont fait venir les zoologues, ils leur ont montré leurs vanneaux. Est-ce que c'était grave ? Une maladie contagieuse, peut-être ? Est-ce qu'ils risquaient de l'attraper, de se mettre tous à danser du matin au soir ?

Les zoologues ont éclaté de rire.

— Vos vanneaux, dirent-ils, chassent le ver de

terre. Ces oiseaux ont l'oreille fine. Ils ont entendu les vers de terre creuser leurs tunnels, ils savent que les vers de terre sont très curieux, que, dès qu'ils entendent un petit bruit (pas trop fort, cela leur ferait peur) ils sortent un instant pour savoir de quoi il s'agit. Alors vos vanneaux tapent du pied pour faire sortir les vers de terre et — regardez, ils donnent des coups de bec sur le sol — ils les attrapent et les mangent...

— Mais pourquoi les vanneaux de Drenthe et de Groningue, ceux d'Amsterdam et d'Utrecht ne dansent-ils pas ?

— C'est que, dans ces régions cultivées depuis longtemps, les vers de terre vivent plus profond. Chez vous, parce que presque rien n'a encore poussé, ils sont près de la surface du sol. Alors vos vanneaux les entendent et c'est pour cela qu'ils tapent du pied...

C'est ainsi que les vanneaux de Hollande ont appris à danser.

Le téléphone des rorquals

On connaissait les rorquals depuis très longtemps. Pas difficile : une baleine de trente-cinq tonnes, ça se voit. Ce sont d'énormes baleines qui se promènent, seules ou en bandes, dans l'Atlantique surtout, avec une prédilection pour l'Atlantique sud et l'Antarctique, celui qui fait le tour du Pôle Sud, parce que c'est là qu'on trouve le plus de krill.

Le krill, ce sont des crevettes minuscules, qui flottent par bancs de milliards et milliards, jusqu'à former, dans l'eau, de véritables nuages de crevettes. Elles mangent le plancton, ces animalcules microscopiques, base de toute nourriture dans la mer, qui montent vers la surface ou s'enfoncent vers le fond sans qu'on sache bien pourquoi. Le krill suit le plancton, monte et descend avec lui, le mange et le rorqual les mange.

Mais manger comme vous n'imaginez pas. Le rorqual a une énorme bouche garnie de fanons qui sont comme de longues lames de cornes très rapprochées les unes des autres. Quand il tombe sur un banc de krill, le rorqual ouvre sa bouche formidable, avance, laisse entrer dans sa gueule tout ce qu'il rencontre, la referme, puis, d'un coup de sa langue phénoménale, chasse le tout vers ses fanons. L'eau file entre les lames mais les crevettes sont restées. Il les avale. On a trouvé, dans un estomac de rorqual, trois mille kilos de krill... Trois tonnes...

Reste à savoir comment le rorqual trouve son krill. On s'en moquait un peu, à vrai dire, tant les baleiniers, malgré tous les règlements internationaux, s'acharnent à tuer les baleines au point qu'il ne doit plus rester, dans les océans, qu'une centaine ou deux de rorquals. Mais on a fini par savoir comment ces cétacés-là trouvaient le krill. A la suite d'une sorte de roman policier.

Un bateau américain chargé de zoologues se promenait dans l'Atlantique sud avec plein de microphones dans l'eau pour écouter les poissons. Car, depuis qu'on a découvert que beaucoup d'entre eux communiquaient par sons et ultra-sons, les chercheurs essaient de savoir qui dit quoi.

Notre bateau à zoologues enregistrait donc tant qu'il pouvait les conversations de poissons, chacun reconnaissant telle espèce en écoutant les bandes quand tout à coup les micros transmettent des grondements inconnus. Des bruits graves à ne pas croire, des infra-sons, si profonds que notre oreille ne les perçoit pas. Qu'est-ce que c'était ? On ne savait pas... Les zoologues font leur rapport à leurs universités et n'y pensent plus.

Mais ces rapports traînent un peu partout et, naturellement, tombent sous les yeux de la C.I.A. Je n'ai pas besoin de vous dire ce que c'est que la C.I.A., ce formidable service de contre-espionnage américain. Vous le savez.

La C.I.A. lit ces rapports, et s'étonne. Des bruits inconnus dans la mer ? Ça pouvait être grave. Et si c'étaient des sous-marins d'une Puissance que je ne nommerai pas, qui communiquaient entre eux avec des infra-sons que personne ne détecte ? Il fallait savoir.

On met deux James Bond (enfin, deux astucieux de la C.I.A.) dans deux bateaux à microphones, on les envoie dans l'Atlantique sud, pour qu'ils écoutent. Pourquoi deux ? Pour que, si l'un détecte les grondements mystérieux, l'autre puisse les suivre, les « remonter » si vous voulez, en naviguant de telle sorte qu'il les entende de plus en plus fort et arrive enfin à leur source. Au point de départ du grondement.

Les deux bateaux naviguent ici et là dans l'Atlantique sud. Enfin, leurs microphones reçoivent les grondements rythmés. Pas de doute, c'étaient des infra-sons. Pas bien forts, mais très nets.

Un des bateaux reste sur place, l'autre tourne en rond, arrive à l'endroit où les grondements semblent les plus puissants, croise, croise encore et finit par trouver la bonne route, celle où le bruit grossit. Il le téléphone par radio à son copain et continue sa route, remontant vers l'origine des grondements.

Il navigue et navigue encore. Cent kilomètres, deux cents, trois cents : ça grondait de plus en plus fort, de plus en plus nettement. Mais d'où cela venait-il ? Il remonte encore, yeux fixés aux aiguilles des cadrans reliés à ses micros. Enfin, à quatre cents kilomètres de son point de départ il reçoit 5/5 et... découvre de gros rorquals en train de boulotter du krill...

Tout s'expliquait. Quand un rorqual rencontre un nuage de krill, il déjeune et, déjeunant, il téléphone à ses copains qu'il a trouvé de quoi manger en grognant ses infra-sons qui, on l'a calculé, peuvent franchir trois mille kilomètres parce qu'ils partent dans l'eau, rebondissent contre la surface, redescendent, rebondissent sur l'eau profonde et recommencent, franchissant ainsi des milliers de kilomètres.

Fait-il exprès, ce rorqual, ou cela s'est-il arrangé comme ça, naturellement ? Tout est possible. Il se peut que la grosse baleine en question ronronne de plaisir en mangeant ou qu'elle convoque volontairement ses copines. Ce qui est certain c'est que, quand un rorqual s'est ainsi mis à table et a commencé de gronder, on en voit arriver d'autres qui viennent du diable Vauvert. Ils ont entendu les infra-sons.

La C.I.A. s'est rassurée, mais pas les amis des bêtes. D'abord parce que ces damnés baleiniers peuvent parfaitement s'équiper en micros à infrasons pour découvrir les rorquals. Ensuite parce qu'avec tous nos bateaux à hélices, qui secouent l'eau et arrêtent le passage des sons, nous empêchons probablement les rorquals de se téléphoner à leur guise, donc de manger normalement.

Faut-il revenir à la navigation à voile pour ne pas brouiller les conversations téléphoniques des rorquals ? La question est posée...

La danse des rhinocéros

Vous trouvez le rhinocéros affreux, avec ses cornes au bout du nez, ses petits yeux, sa masse énorme montée sur de courtes pattes, cette robuste peau qui semble une cuirasse et l'est en effet ? Pas de sa faute.

Il est apparu sur terre il y a très longtemps, à une époque où le terrible tigre à dents de sabre traînait, dans la jungle et la savane. Un compagnon pas commode, qui vous sautait sur le dos et dont les griffes et les crocs perçaient des cuirs de dix centimètres. D'où la peau du rhino, ses cornes, sa masse et son odorat.

A peine sentie l'odeur du tigre à dents de sabre, il fonçait le premier. Quatre mille kilos à quarante kilomètres à l'heure, on s'écarte. Et puis le tigre à dents de sabre a disparu, mais les rhinocéros ont survécu, avec leur masse, leurs cornes et leur odorat.

Un odorat excellent, d'ailleurs. D'autant plus que

les odeurs que le nez a reçues sont enregistrées dans un « bulbe olfactif » considérable, qui occupe presque tout le cerveau. Si bien que, du rhino, on peut dire « rien dans la tête, tout dans les naseaux ».

Bien sûr, les oiseaux lui ont rendu service. Pour lui, ce sont souvent de petits hérons qui, perchés sur son dos, fouillent les plis de son cuir et y dénichent les insectes, les larves qui démangent.

Le rhino les laisse faire d'autant plus que l'oiseau hôte le prévient du moindre danger : il s'envole en lançant son cri d'alarme que la grosse bête a fini par comprendre. Alors, comme lorsqu'il sent une odeur suspecte (et il est terriblement soupçonneux) il fonce, droit devant lui, vers l'odeur, à l'endroit où, peut-être, se trouve ce qui a fait peur au héron. Cent mètres de charge qui terrifient la savane et le rhino s'arrête, ayant complètement oublié de quoi il s'agissait. Technique élémentaire, mais qui jusqu'à l'invention des fusils, a protégé les rhino des lions et autres fauves de leur entourage.

Ce qui rend leur approche, donc leur étude, assez difficile. On l'a entreprise pourtant, en observant d'abord des rhino en liberté, puis dans un très grand parc, clos de murs, où vivait un couple, aussi tranquille que chez lui.

D'abord, on a découvert que c'étaient des gens d'habitudes. Ils avaient, dans ce parc, des endroits où brouter, d'autres pour se mettre à l'ombre, uriner, déposer leurs ordures, se baigner, réfléchir, passer la nuit, faire la sieste de l'après-midi, etc. Et ils allaient d'un de ces endroits à l'autre, toujours aux mêmes heures et toujours par les mêmes chemins. Pas des chemins en ligne droite : de braves chemins comme tout le monde, avec des tournants qui ne servent à rien. Les rhinocéros prenaient tellement ces chemins que, peu à peu, l'herbe en avait disparu. C'étaient devenus des sentiers à rhinocéros où ils cheminaient gentiment, l'un derrière l'autre, sans plus s'écarter à droite ou à gauche que s'il y avait eu des murs.

Était-ce là le commencement de la superstition ? On pourrait supposer que les rhino se sont dit, une fois pour toutes : — J'ai toujours suivi ce chemin-là et il ne m'est rien arrivé de fâcheux, donc je continue...

On a découvert aussi leurs amours, qui sont très belles. Quand le moment est venu, le mâle sent une dame rhino qui lui plaît. Il s'approche, bien en face. Elle sent son odeur, baisse la tête prête à charger : qu'est-ce qu'il me veut, celui-là ? Mais lui dodeline de la tête.

C'est très important, dodeliner de la tête, chez les rhinocéros.

C'est signe qu'il n'attaquera pas. Sachez-le bien, quand vous rencontrez un rhino : s'il dodeline, pas de danger.

Mais méfiez-vous quand même. Un jour, un zoologue sud-africain a croisé un rhino en plein midi, dans la savane, le rhino a dodeliné de la tête, le zoologue est resté bien tranquille... Juste une minute. Pas plus. Soixante et une secondes après il était par terre avec je ne sais combien de fractures. Ce rhinocéros n'avait pas dodeliné : il chassait les mouches qui entraient dans ses oreilles.

Mais là, le rhino dodeline vraiment, la dame ne le charge pas. Reste à lui faire sa cour. C'est-à-dire à danser. C'est difficile quand on pèse quatre mille kilos avec de grosses pattes courtes. Les entrechats ne sont pas faits pour les rhinocéros, ni les jetés battus. Ils ont inventé une danse toute simple : le galop. Un rhinocéros qui danse prend le petit galop et tourne en rond encore et encore, autour de la dame avec qui il danse.

Cela fait un bruit du tonnerre, toutes les bêtes se cachent aux environs mais ce n'est pas grave : il danse. Elle, pendant ce temps, pivote sur ses pieds de derrière, comme l'aiguille des secondes de votre montre, de sorte qu'elle a tout le temps la tête du côté où passe le rhinocéros galopant en rond. Et cela durera des heures. Jusqu'au moment où elle en aura assez de pivoter. Alors il s'arrêtera de galoper et c'est ainsi qu'on fait les petits rhinocéros.

Cette façon de faire sa cour vous paraît rudimentaire, un peu simplette ? Dites-vous qu'elle date du fond des âges, car le rhinocéros est un survivant des temps préhistoriques. Et puis, que penserait-il, ce rhinocéros, s'il nous voyait danser ?

Table des matières

www.ingramcontent.com/pod-product-compliance
Lightning Source LLC
LaVergne TN
LVHW050536160826
845677LV00011B/2059

* 9 7 8 2 2 4 6 0 0 5 4 7 6 *